蔗渣炭混合基质李氏禾人工湿地净化水中Cr(Ⅵ)的机制研究

游少鸿　刘　杰　编著

中国环境出版集团·北京

图书在版编目 (CIP) 数据

蔗渣炭混合基质李氏禾人工湿地净化水中 Cr（Ⅵ）的机制研究 / 游少鸿，刘杰编著 . —北京：中国环境出版集团，2023.8

ISBN 978-7-5111-5585-6

Ⅰ. ①蔗… Ⅱ. ①游… ②刘… Ⅲ . ①微生物学—应用—水污染防治—研究 Ⅳ. ① X52

中国国家版本馆 CIP 数据核字（2023）第 159476 号

出 版 人 武德凯
责任编辑 殷玉婷
封面设计 宋 瑞

出版发行 中国环境出版集团
（100062 北京市东城区广渠门内大街 16 号）
网 址：http: //www.cesp.com.cn
电子邮箱：bjgl@cesp.com.cn
联系电话：010-67112765（编辑管理部）
010-67112736（第五分社）
发行热线：010-67125803，010-67113405（传真）

印 刷 北京建宏印刷有限公司
经 销 各地新华书店
版 次 2023 年 8 月第 1 版
印 次 2023 年 8 月第 1 次印刷
开 本 787 × 960 1/16
印 张 9.25
字 数 137 千字
定 价 60.00 元

编委会

主　编： 游少鸿　　刘　杰

副主编： 蒋萍萍　　俞　果

主　审： 张学洪

前 言

水体六价铬［Cr(Ⅵ)］污染具有较强的危害，会对生态环境造成破坏，影响公众健康，是迫切需要解决的环境问题，但目前处理水体Cr(Ⅵ)污染的相关技术仍不成熟。亟需探索成本低、能耗少，并具有较好处理效果的铬污染水体处理技术。

人工湿地是一种可持续、环境社会友好型和成本效益高的废水处理技术。尤其是在气候温暖的地区，人工湿地能取得较好的处理效果。近几年，我国在人工湿地处理技术方面也开展了广泛的研究，取得了较丰富的成果。人工湿地作为生态修复的一种，以其底部厌氧、表面缺氧/好氧的氧化还原特征，加上超富集植物及微生物的协同作用，被认为是去除大面积、低浓度Cr(Ⅵ)污染水体的有效途径。李氏禾（*Leersia hexandra* Swartz）是一种湿生铬超富集植物，对Cr(Ⅵ)和三价铬［Cr(Ⅲ)］均具有较强的耐受性和富集能力，并且具有环境适应能力强、根系较发达、生长迅速、易于人工种植等优点。因此，构建以李氏禾为湿地植物的人工湿地系统有望成为高效、低耗、可持续的水体Cr(Ⅵ)污染处理新方法。广西是中国蔗糖的主要产地，制糖企业每年产生大量的蔗渣固体废物，急需一种经济高效的资源化途径。生物质炭因其多孔、稳定、强吸附的特质备受环保领域的关注，但生物质炭在人工湿地中的应用鲜少见报道。利用蔗渣废弃物制备蔗渣生物质炭，并将蔗渣生物质炭作为李氏禾人工湿地基质的改良剂，以期提高其对含Cr(Ⅵ)废水的处理效果，对阐明人工湿地净化含Cr(Ⅵ)废水的机制、拓展蔗渣的资源化途径均具有重要的理论价值和现实意义。

本书围绕蔗渣生物质炭混合基质李氏禾人工湿地净化水中Cr(Ⅵ)展开，主要包括以下内容：①介绍了蔗渣炭的制备及优化，考察了蔗渣炭对李氏禾人工湿地系统基质pH、有机碳含量、微生物数量等生物和化学性质的影响；②探讨了李氏禾人工湿地对Cr(Ⅵ)的净化潜能，评价了李氏禾人工湿地对Cr(Ⅵ)污染水体的净化能力，研究了湿地系统对不同浓度Cr(Ⅵ)污染水体的净化效果；③明确了蔗渣炭作为基质材料的李氏禾人工湿地系统和未添加蔗渣炭的人工湿地系统对重金属Cr(Ⅵ)的去除效率、基质性质的不同影响，探讨了蔗渣炭作为基质改良剂对李氏禾人工湿地系统去除Cr(Ⅵ)污染的影响机制和作用；④详细阐述了铬在李氏禾人工湿地系统中的迁移转化规律，探讨了李氏禾人工湿地系统对Cr(Ⅵ)的去除机理；⑤分析了李氏禾人工湿地系统中的微生物群落结构及其作用，解析了群落结构变化的特征和净化功能等关键科学问题，以期为揭示湿地系统净化水体Cr(Ⅵ)的生物地球化学机理奠定基础，为提高李氏禾人工湿地系统对Cr(Ⅵ)的净化功能，优化人工湿地的设计、运行和管理提供科学依据。

本书在编写过程中，得到了桂林理工大学环境科学与工程学院、广西大学轻工与食品工程学院、广西糖资源工程技术研究中心和广西现代蔗糖业发展研究院的支持，也得到了伍清新同学、周凯宁同学、马丽丽老师、靳振江老师、陈世民博士、廖秋阳同学、石玉翠博士、唐蜜博士的支持，在此表示衷心的感谢！

目 录

第1章　绪　论

1.1　研究背景

随着社会经济的发展，水环境污染日益成为威胁人类健康和社会安全稳定的严重问题（Li et al., 2020）。重金属是造成水环境污染的重要因子，日益受到人们的重视。近年来，我国发生了多起重金属污染水环境的事件，给当地的用水安全造成了严重影响。重金属具有毒性大、难降解、易富集的特点。重金属一旦进入水体中，对生物的生存和人类的健康会造成严重威胁。随着社会各界对此类水污染问题越来越关注，水体重金属污染的修复已经成为解决水环境问题的重点之一。

铬是一种危害性极大的环境污染物，对动植物和人体都具有很强的毒性，有研究表明六价铬［Cr（Ⅵ）］是强致畸和致癌的物质（Mu et al., 2020; Broadway et al., 2010）。水体铬污染是影响公众健康的社会安全问题，是迫切需要解决的环境问题。世界各国普遍把Cr（Ⅵ）列为优先控制污染物。例如，美国国家环境保护局（USEPA）将Cr（Ⅵ）归为对人体危害较大的17种化学物质之一（Barrera-Díaz et al., 2012），我国的《重金属污染综合防治"十二五"规划》将铬列为重点防控的5个元素之一。水体Cr（Ⅵ）污染具有较强的危害，但目前处理水体Cr（Ⅵ）污染的相关技术仍不成熟。传统的物理方法、化学方法和生物方法都需要消耗大量的能源和试剂，处理成本均较高。

人工湿地处理技术在世界范围内逐渐地被用于多种工业废水的处理（Jaroo et al., 2019; Marchand et al., 2010; Stottmeister et al., 2003），尤其是在气候温暖的地区，人工湿地处理技术能取得较好的处理效果（Srivastava et al., 2020;

Moayedi et al.，2019；Guittonny-Philippe et al.，2014）。近几年，我国在人工湿地处理技术方面也开展了广泛的研究，取得了较丰富的成果。人工湿地在经济性和能耗方面表现出很强的优势，利用人工湿地技术处理 Cr（Ⅵ）污染水体可取得很好的环境效益、经济效益和社会效益，具有广阔的发展前景。李氏禾是一种湿生铬超富集植物（张学洪等，2006），对 Cr（Ⅵ）和 Cr（Ⅲ）均具有较强的耐受性和富集能力，并且具有环境适应能力强、根系较发达、生长迅速、易于人工种植等优点（Liu et al.，2011）。因此，构建以李氏禾为湿地植物的人工湿地系统有望成为高效、低耗、可持续的水体 Cr（Ⅵ）污染处理新方法。广西是我国蔗糖的主要产地，制糖企业每年产生大量的蔗渣固体废物，急需一种经济高效的资源化途径。生物质炭因其多孔、稳定、强吸附的特质备受环保领域的关注，但生物质炭在人工湿地中的应用鲜见报道。利用蔗渣废弃物制备蔗渣生物质炭（Bagasse Biochar，以下简称蔗渣炭），并将蔗渣炭作为李氏禾人工湿地基质的改良剂，以期提高其对含 Cr（Ⅵ）废水的处理效果，对阐明人工湿地净化含 Cr（Ⅵ）废水的机制、拓展蔗渣的资源化途径均具有重要的理论价值和现实意义。

1.2 水体 Cr（Ⅵ）污染的现状及危害

1.2.1 铬的性质

铬（Chromium）是 1797 年法国化学家沃克兰（L.N.Vauquelin）从西伯利亚红铅矿（铬铅矿）中发现的，属ⅥB族金属元素，相对原子质量为 51.996 1，原子序数为 24。单质铬为钢灰色金属，熔点为 1 907℃，沸点为 2 761℃，固态密度为 7.19 g/cm^3，室温下化学性质较稳定，质地坚硬，耐腐蚀，具有一定的延展性。铬在化合物中主要以三价和六价形式存在，其中常见的三价铬化合物有 $CrCl_3$、Cr_2O_3 等，常见的六价铬化合物有 K_2CrO_4、$K_2Cr_2O_7$ 等，不同价态的铬之间可以通过氧化还原作用相互转化。

铬及其化合物在工业上具有广泛的用途，可用于生产不锈钢，提升钢的强度，并且使其具有很好的耐热性；可用于制造飞机引擎及核能器械用的超合金（超耐热抗蚀合金）；以铬镀（铬镀在金属上可以起到防锈的效果，并且表面光亮美观）广泛用于汽车零件、家居用品、建筑等行业；铬酸盐、重铬酸盐、铬矾等常被用作纺织品染色的媒染剂、浸渍剂等。据统计，我国有10%左右的商品生产与铬盐相关（Xu et al.，2006）。然而，在生产和使用金属铬及铬盐的过程中，铬元素大量进入周边环境，致使环境中的铬含量显著增加，铬污染问题日益突出。

铬有多种价态，但水体中的铬主要以Cr（Ⅲ）和Cr（Ⅵ）两种价态存在。Cr（Ⅲ）通常以CrO_2^-、Cr^{3+}等离子形态存在，Cr（Ⅵ）通常以$Cr_2O_7^{2-}$、CrO_4^{2-}等离子形态存在。Cr（Ⅵ）在水体中较为稳定，并以溶解状态存在。由于$Cr_2O_7^{2-}$、CrO_4^{2-}表面带负电（Modenes et al.，2017），不易被有机物质或矿物质吸附，因此，Cr（Ⅵ）在环境中的迁移能力较强，在特定的条件下还原成Cr（Ⅲ）。Cr（Ⅲ）在水体中易被底泥吸附，大多转入固相，少量溶于水中，在弱碱性或中性条件下水解，生成氢氧化铬沉淀，或被水中颗粒物吸附，随颗粒物沉降到沉积物中，因此Cr（Ⅲ）在水环境中的迁移能力较弱（Blowes，2002）。铬在水环境中的形态和价态与水溶液的pH和氧化还原电位（Eh）密切相关（Krishnamurthy et al.，1989）。另外，水溶液中的溶解氧（DO）、Fe^{3+}、Mn^{4+}等氧化性物质可将Cr（Ⅲ）氧化成Cr（Ⅵ），致使铬的毒性增加；有机物、S^{2-}、Fe^{2+}、Mn^{2+}等还原性物质可将Cr（Ⅵ）还原成Cr（Ⅲ），使铬的毒性降低（Kota et al.，2000）。

1.2.2 水体Cr（Ⅵ）污染的来源和现状

自然界中铬有一定的本底含量，地表水中本底均值为10 μg/L，海水中本底均值小于0.1 μg/L。当进入水体中的铬量较少时，在水体自净、水生动植物和微生物的共同作用下并不会引起水质恶化而危及水体生态系统的平衡（Ostroumov，2004）。当进入水体中的铬超过了水体自净能力，水体中的铬含量才会显著提高，引起水体铬污染。铬污染主要来源于电镀、制革、印染等行业产生的大量含铬工业废水的随意排放。根据《中国环境统计年报2010》（中华人民共和国环境保护部，2011），2003—2010年我国工业废水中Cr（Ⅵ）

总排放量如表 1.1 所示。尽管自“十一五”时期以来工业废水中 Cr(Ⅵ)排放量总体呈下降的趋势，但每年 Cr(Ⅵ)的排放量依然很大。

表 1.1　2003—2010 年我国工业废水中 Cr(Ⅵ)排放量

指标	2003 年	2004 年	2005 年	2006 年	2007 年	2008 年	2009 年	2010 年
Cr(Ⅵ)排放量 /t	103.1	150.8	105.6	96.4	69.0	75.3	55.4	54.8

2005 年我国各行业工业废水中 Cr(Ⅵ)排放量如表 1.2 所示（国家环保总局，2005）。金属制品业、皮革毛皮羽毛（绒）及其制品业、有色和黑色金属冶炼及压延加工业是 Cr(Ⅵ)废水排放的主要行业，Cr(Ⅵ)排放量占总排放量的 70.98%。据统计，50% 左右的含铬废水未达到国家工业废水排放标准（黄瑞光，2000），对受纳水体造成严重影响。铬在制革工业中的利用率仅为 60%～70%，25%～30% 的铬残存在废液中，约有 10% 在水洗、挤水等工序中随污水排放到水体中（刘卫国等，2001）；电镀废水中 Cr(Ⅵ)含量一般为 20～100 mg/L，而电镀钝化液中 Cr(Ⅵ)含量可高达 1 000～2 000 mg/L，若未达标排入江河，将对水体造成严重的铬污染（汤克勇，1997）。

表 1.2　2005 年我国各行业工业废水中 Cr(Ⅵ)排放量

行业名称	Cr(Ⅵ)排放量 /t
金属制品业	30.913
皮革毛皮羽毛（绒）及其制品业	21.415
有色金属冶炼及压延加工业	12.208
黑色金属冶炼及压延加工业	10.422
化学原料及化学制品制造业	6.447

我国是铬盐生产大国，随着工业的不断发展，铬盐生产能力不断提高，同时也产生了大量的铬渣。据统计，我国每年堆存的铬渣约为 60 万 t，经合理处理或综合利用的却不足 17%。铬渣长期堆放，被雨水淋洗、冲刷和渗透

后，其中的铬随雨水进入地表水体，进而造成水体铬污染（黄顺红，2009）。2011年，云南曲靖5 000余t铬渣的堆存，导致20万m^3水库遭到严重污染，对当地居民的身体健康和饮水安全造成极大的威胁；长沙某铬盐厂堆存42万t铬渣，其中Cr(Ⅵ)高达4 000 t，对湘江流域生态安全和人们身体健康造成严重威胁；重庆某铬盐生产企业堆存的铬渣达23.7万t，对嘉陵江水体造成严重威胁。可见，我国部分地表水体已受到Cr(Ⅵ)污染的严重威胁。

1.2.3 Cr(Ⅵ)的危害

（1）对水环境的危害

地表水受到Cr(Ⅵ)污染后，颜色呈黄色。Cr(Ⅵ)在一定条件下能够被还原成Cr(Ⅲ)，Cr(Ⅲ)在中性和碱性条件下又可形成氢氧化铬沉淀，使水变浑浊，影响水体的利用价值。Cr(Ⅵ)对水中浮游植物有毒害作用，进而导致水体自净能力下降，使水质进一步恶化。

（2）对人体的危害

Cr(Ⅲ)是人体必需的微量元素，在人体的糖代谢和脂代谢中发挥特殊作用。而六价铬对人体有毒害作用，具体表现在对人的皮肤、呼吸道、肠胃道、眼、耳的毒副作用上。皮肤接触Cr(Ⅵ)会引起皮肤溃疡、皮炎及湿疹，长期接触铬盐易患铬性鼻炎，具体表现为鼻黏膜充血、肿胀，鼻腔干燥、瘙痒、出血，嗅觉减退，黏液分泌增多，常打喷嚏等，甚至发生鼻中隔溃疡。摄入Cr(Ⅵ)会引起口腔黏膜增厚，水肿并形成黄色痂皮，反胃呕吐，剧烈腹痛，肝肿大，严重时会导致循环衰竭，失去知觉，甚至死亡。进入细胞的Cr(Ⅵ)还可造成DNA断裂，细胞染色体畸变。2012年4月央视曝光的“毒胶囊事件”（http://news.cntv.cn/china/20120415/111049_2.shtml），引起社会的广泛关注，9家药厂的13个批次药品所用胶囊重金属铬含量超标，有的铬含量甚至高达181.54 mg/kg，超过国家相关标准90多倍。

（3）对动植物的危害

Cr(Ⅵ)对动植物的生长有明显的影响。鱼体内的碱性磷酸酯酶及苹果酸脱氢酶、乳酸脱氢酶、异柠檬酸脱氢酶和琥珀酸脱氢酶等呼吸代谢酶的活性，随Cr(Ⅵ)浓度的增加而迅速下降（Bryan et al.，1992）。Cr(Ⅵ)浓度大于

52 mg/L 时，虾的呼吸代谢受到严重抑制（Ramírez et al.，1990）。Cr（Ⅵ）对藻类 ATP 的产生和 NO_2 还原酶活性均有抑制作用（Corradi et al.，1993；Rai et al.，1992）。水体中 Cr（Ⅵ）浓度大于 0.1 mg/L 时，作物种子的萌发会受到抑制。Cr（Ⅵ）浓度达到 5 mg/L，小麦的生长便会出现明显的受害症状（陈维新，1993）。

1.3 水体 Cr（Ⅵ）污染的处理方法

根据 Cr（Ⅵ）的物理化学性质和含 Cr（Ⅵ）废水的特点，目前国内外处理含 Cr（Ⅵ）废水的方法主要有吸附法、膜分离法、离子交换法、还原沉淀法、电化学法和生物法。

1.3.1 吸附法

吸附法是通过将含铬废水中的铬酸盐、重铬酸盐吸附到多孔固态吸附剂表面，从而将液相中的铬污染物转移到固相中。吸附法是目前处理含铬废水应用最广泛的方法。吸附剂是影响吸附法处理效果的关键因素。处理含铬废水常用的吸附剂包括矿物材料、金属氧化物、活性炭、碳纳米管和生物质吸附剂等。石英砂、蒙脱石、沸石、蛭石等矿物材料和铁氧化物、铝氧化物等金属氧化物，价廉易得，具有较大的比表面积，可以将液相中的金属离子通过离子交换、络合等作用吸附去除。活性炭具有巨大的比表面积、丰富的微孔结构和独特的表面化学性质，对 Cr（Ⅵ）具有良好的吸附效果。国内外研究者（Maneechakr et al.，2017；魏春梅等，2014；马叶等，2014）通过酸化、表面氧化等改性方法提高其比表面积、优化其微孔结构、增加活性炭表面的吸附位点和活性基团，进一步提高活性炭对液相 Cr（Ⅵ）的吸附能力。Huang 等（2009）用硝酸改性活性炭，使其对液相中 Cr（Ⅵ）的吸附容量提高了近 3 倍。生物质吸附剂是利用一些农产品废弃物（如甘蔗渣、玉米芯、花生壳、水稻秸秆、花生叶等）（揭诗琪等，2015），经过加工、改造来富集、吸附污染物的一种吸附剂，由于其成本低、制备简单、吸附效果好等优点，近几年被广泛地用于重金属废水处理的研究中（Xin et al., 2017; Wang et al., 2016）。吸附法也有其自身的缺点，如初期投资大、运行费用较高，吸附剂再生效率低、使用寿命较短，这在一定程度上限制了吸附法的应用（范力等，2009）。

1.3.2 膜分离法

膜分离法指通过特定膜的渗透作用，借助于某种推动力（如压力差、电位差、浓度差等）将溶剂和Cr(Ⅵ)进行分离或浓缩的方法。王娇娜等（2015）用静电纺丝法结合水热晶化法制备出PA6@ LDH纳米纤维膜，研究对Cr(Ⅵ)的去除效果，在最佳吸附条件下对铬的吸附量可达242 mg/g。膜分离法的缺点是膜较易被水中的污染物质和有机物堵塞，使用寿命短，运行费用高。

1.3.3 离子交换法

离子交换法是利用离子交换树脂提供的交换离子，将溶解在水中的Cr(Ⅵ)离子交换到离子交换体中，再使用相应的方法解吸，从而将Cr(Ⅵ)进行浓缩的一种处理方法。离子交换法存在一次性投资大、操作管理复杂、离子交换剂制备工艺复杂、成本高、再生剂耗量大、技术要求高等缺点（范力等，2009）。

1.3.4 还原沉淀法

还原沉淀法是向Cr(Ⅵ)污染的水体中加入还原剂，将Cr(Ⅵ)还原成Cr(Ⅲ)，然后再加入氢氧化钠或石灰乳调节pH至碱性，使Cr(Ⅲ)形成氢氧化铬沉淀，从而达到去除铬离子的效果。化学还原法存在产生泥渣量大、难以回收利用、易产生二次污染等缺点（张小庆等，2004）。

1.3.5 电化学法

处理含Cr(Ⅵ)废水的电化学法主要包括电解法和电渗析法。

电解法是在直流电的作用下，铁阳极不断溶解，氧化产生的Fe^{2+}在酸性条件下将 Cr（Ⅵ）还原成 Cr（Ⅲ），阴极板上的 H^+ 不断减少，pH 逐渐升高，Cr（Ⅲ）与 OH^- 形成 $Cr(OH)_3$ 沉淀去除 Cr 的方法（张小庆等，2004）。电解法由于存在能耗高、会产生大量的 $Cr(OH)_3$ 污泥、易造成二次污染等缺点，限制了其在实际工程中的应用（肖轲等，2016）。

电渗析法以电位差为推动力，Cr（Ⅵ）离子在膜室内做定向运动，通过离子交换膜的选择透过性，将 Cr（Ⅵ）离子富集在电极一侧，进而从废水中去除（肖轲等，2016）。电渗析法是电化学法与膜分离法的组合工艺。电渗析法适于处理较高浓度的含 Cr（Ⅵ）废水，可实现铬盐回收，但不适用于低浓度含 Cr（Ⅵ）废水，因为 Cr（Ⅵ）离子浓度较低时，淡化室溶液的电导率逐步降低，极易产生浓差极化现象，致使电流效率降低，能耗增高。另外，电渗析法也存在膜污染和膜寿命短的问题。

1.3.6 生物法

处理水体 Cr（Ⅵ）污染的生物法包括生物絮凝法、生物吸附法以及生物还原法。生物絮凝法利用具有高效絮凝作用的微生物或其代谢产物作为絮凝剂，将水体中的 Cr（Ⅵ）絮凝沉淀去除。生物吸附法利用生物体自身的化学结构和成分特征经过一系列生物化学作用将水体中 Cr（Ⅵ）吸附去除，包括吸附、螯合、络合、离子交换等作用。生物还原法利用微生物生长过程中产生的具有还原作用的代谢产物或酶将水中 Cr（Ⅵ）还原，进而形成沉淀从水体中去除（Zheng et al.，2019；王庆伟等，2008）。生物法的缺点主要是不适用于非连续生产的小企业，每次生产需培养新的菌种，多余菌种需灭菌后再向环境排放，导致成本增高（曾君丽，2012）。

综上所述，传统的化学法、物化法及生物法对水体 Cr（Ⅵ）污染的处理都存在自身的优、缺点，实际应用中需根据含 Cr（Ⅵ）废水的特点，选择环保、经济、高效的处理方法。对于大面积、低浓度的 Cr（Ⅵ）污染水体，传统的化学法、物化法及生物法均存在固有缺陷，而人工湿地（Constructed Wetland）法作为一种利用人工构建的湿地系统去除污染物的生态水处理技术，具有高效率、低能耗、低成本、运行维护方便和兼具生态服务功能的优点（Babatunde et al.，2008）。大量研究表明（Spokas et al.，2010；Mustafa et al., 2009; Khan et al., 2009),人工湿地能有效去除水中化学需氧量(COD)、生化需氧量(BOD)、氮(N)、磷(P)、重金属等多种污染物。因此,人工湿地法处理大面积、低浓度的Cr(Ⅵ)污染水体可能是一条经济有效的途径。

1.4 人工湿地处理水体重金属污染的研究现状

1.4.1 人工湿地的定义、特点及发展

人工湿地是从生态学原理出发,为处理污水人为设计建造的工程化生态系统,在有一定长宽比及底面坡度的洼地里,由人工基质、植物和微生物组成。其中,人工基质由石、砂、土壤、煤渣等一种或几种介质按一定的比例构成;湿生植物包括挺水植物、浮水植物和沉水植物,可以选择单一植物或多种植物混合搭配。人工湿地利用基质－植物－微生物复合生态系统的物理、化学和生物的三重协调作用(夏汉平,2002),通过过滤、沉淀、吸附、氧化还原、离子交换、微生物分解转化和植物吸收来实现对污水的高效净化,同时通过营养物质和水分的生物地球化学循环作用,实现污水的无害化与资源化(籍国东等,2002)。人工湿地一方面保证了出水水质的稳定良好;另一方面为大量植物、微生物和动物提供栖息的场所,具有显著的生态效益和美学价值。

人工湿地是在天然湿地基础上,于20世纪70年代末期发展起来的一种污水处理技术(Hallberg et al., 2005)。人工湿地的发展历经几个阶段。1953年德国Seidel博士发现芦苇能去除水中大量的有机物和无机物,从而开启了对人工湿地的初步研究。20世纪六七十年代,人工湿地逐步从实验室走向实用阶段(安树青,2003)。1972年Kickuth提出了根区理论(Hans, 1994),从而掀起了对人工湿地研究与应用的热潮。随后英国(1990年)和美国(1998年)召开的两次人工湿地技术国标研讨会,总结了各国人工湿地的处理经验,并提出了相关机理和参考设计,这标志着人工湿地作为一种新型的独具特色的污水处理技术正式进入水污染控制领域(Knight et al., 2000)。

1.4.2 人工湿地的类型

从工程角度出发，根据水在湿地系统中流动的方式，可将人工湿地分为平流式人工湿地（SFW）、潜流式人工湿地（SSFW）和垂直流式人工湿地（VFW）（梁继东等，2003）。

平流式人工湿地中的水流以较慢流速从湿地表面流过，水位较浅（0.1～0.6 m），接近于天然湿地。平流式人工湿地具备投资少、运行费用低等优点，但占地面积大，水力负荷小，净化能力有限。湿地中的氧来源于水面扩散与植物根系传输。但系统的运行受季节影响大，夏季易滋生蚊蝇、产生臭味，卫生条件较差，影响周围环境。在冬季，平流式人工湿地系统存在易发生表面结冰、处理效果受温差变化影响大的问题。

潜流式人工湿地中的水流在基质以下渗流，可以充分利用基质和发达的植物根系。与平流式人工湿地相比，潜流式人工湿地水力负荷和污泥负荷都较大。底层的水流呈厌氧状态，加上植物将氧传输到根系，导致根区附近呈现好氧状态，所以在湿地中形成了连续的好氧、缺氧和厌氧状态，对 BOD、COD、悬浮物（SS）和重金属等污染指标有很好的处理效果。另外，由于水流在基质以下流动，温度和气候的变化对处理效果影响较小，并且少有恶臭与蚊蝇滋生，卫生条件较好，潜流式人工湿地是目前研究和应用较多的一种湿地类型，但控制相对复杂。

垂直流式人工湿地中的水流从湿地表面纵向流入湿地底部，湿地处于不饱和状态，通过大气扩散和植物根系传输使氧进入湿地。但是这种湿地基建要求较高，控制相对复杂。

1.4.3 人工湿地去除重金属的国内外研究现状

人工湿地发展早期，主要应用于处理城市生活污水或二级污水处理厂的出水，后来才发展为用来处理重金属废水（Wang et al.，2020；Zhao et al.，2020）。国外在人工湿地处理重金属废水方面已有较多的研究报道和实例。Mungur 等（1997）对人工湿地去除重金属废水的效果进行了研究，结果表明当进水中的铜（Cu）、铅（Pb）、锌（Zn）浓度在 20 mg/L 以下时，去除率高达99%。Obarska-Pempkowiak等（1999）通过对位于Pizymida的人工湿地进行研究发现，该人工湿地对Pb、镉（Cd）、Cu、Zn、Cr和锰（Mn）的去除效果均较好，并且通过计算得出，该类人工湿地的运营时间在35年以上。Cheng等（2002）用风车草构建的人工湿地长时间处理含有Cd、Cu、Pb、Zn、铝（Al）和Mn的重金属污染水体，结果显示其出水水质中重金属的含量远远低于世界卫生组织（WHO）饮用水标准。Gersberg等（1985）对人工湿地去除Zn、Cd和Cu 3种重金属的效果进行了为期一年的调查，发现Zn、Cd和Cu的去除率分别达到97%、99%和99%。Khan等（2009）用自由表面流人工湿地处理重金属废水，发现Pb、Cd、Fe、镍（Ni）、Cr和Cu的去除率分别为50.0%、91.1%、74.1%、40.9%、89.0%和48.3%。Mant等（2006）分别用象草、臂形草和芦苇构建的人工湿地处理制革废水，湿地系统24 h内去除率能达到97%～99.6%。Yadav等（2010）以美人蕉（*C. indica*）为湿地植物构建的垂直流人工湿地对Cr和Ni的去除率分别为84.6%和96.2%。Maine等（2007）以凤眼莲（*E. crassipes*）、长苞香蒲（*T. domingensis*）和梭鱼草（*P. cordata*）作为混合植物构建的自由表面流人工湿地处理含Cr、Ni和Zn的工业废水，Cr、Ni和Zn的去除率分别为49%～81%、45%～66%和79%～82%。Hadad等（2006）以槐叶萍（*S. herzogii*）、大薸（*P. stratiotes*）、凤眼莲（*E. crassipes*）、长苞香蒲（*T. domingensis*）和龟甲龙（*P. elephantipes*）作为混合植物构建的中式自由表面流人工湿地对Ni、Cr、Fe和Zn的去除率分别为69%、82%、83%和55%。Fibbi等（2011）以芦苇（*P. australis*）构建的表面流人工湿地对Cr(Ⅵ)和总Cr的去除率分别为67%和55%。Chandra等（2008）以长苞香蒲（*T. augustata*）构建的自由表面流人工湿地处理酒厂废水，Cd、Cr、Cu、Ni、Pb和Zn的去除率分别为34.0%～61.5%、35.9%～57.6%、32.9%～54.2%、35.9%～59.2%、33.5%～59.5%和31.9%～53.7%。Galletti等（2010）以芦苇（*P. australis*）构建的水平潜流式人工湿地对Cu、Ni和Zn的去除率分别为9%、35%和26%。Song等（2011）以大花美人蕉（*C. generalis*）构建的人工湿地对Cu、Cd和Zn的去除率分别为96.5%、69.5%和68.4%。

国内对人工湿地处理重金属的研究相对较晚。20世纪80年代中期，中山大学在韶关凡口铅锌矿建造了以宽叶香蒲为优势物种的人工湿地来净化采矿废水，历经10年的监测，结果表明矿山出水口水质得到明显改善，且均达到排放标准，其中Zn、Pb和Cd的净化率分别达到97.3%、99.0%和94.9%（招文锐等，2001）。陈明利等（2008）用风眼莲、水蕹等作为湿地植物构建人工湿地，对含重金属的生活污水进行处理，结果表明对Cd的去除率可达65.3%。阳承盛等（2000）用宽叶香蒲人工湿地系统处理铅锌矿矿山废水，处理后Pb、Zn、Cu和Cd去除率分别达到93.98%、97.02%、96.87%和96.39%。孙和和等（2008）研究发现，采用垂直流－水平潜流复合人工湿地对电镀废水尾水有很高的去除率，处理后废水中Zn、Cu、Cr和Mn的质量分数分别为15.9%、12.4%、15.2%和28.5%。杨昌凤等（1991）研究表明，污水中Pb、Cd的浓度分别在2 500 mg/L和250 mg/L以内时，湿地系统对Pb和Cd的净化率在99.9%以上。You等（2014）构建的潜流式人工湿地对Cr、Cu和Ni的去除率分别为84.4%、97.1%和94.3%。

1.4.4 人工湿地各要素去除重金属的机理

人工湿地去除金属的过程主要是由基质、植物根系和相关微生物共同作用完成（Truu et al.，2009）。人工湿地活跃的反应区是植物根际，准确来说是植物根际圈，植物、微生物、基质和污染物在植物根际圈附近相互作用（Wang et al.，2022；Stottmeister et al.，2003）。

1.4.4.1 基质

基质又称填料、滤料，是可供植物生长、微生物附着的床体，为植物、微生物的生长和氧的传输提供了必备条件。同时，基质通过过滤、吸附、沉淀等作用直接去除水中的污染物。一般以自然土壤为基质，土壤中除无机矿物质外，还含有部分有机质（1%～10%）。土壤中的无机胶体、有机胶体和有机－无机复合胶体具有很大的比表面积和表面能，对重金属的固定和去除具有重要作用（Sistani et al.，1999），能截留大部分进入湿地系统的重金属。缪绅裕等（1999）研究表明，截留在秋茄湿地基质中的Zn为加入Zn总量的89.45%。Walk等（2002）对重金属在湿地各个部分中的含量进行了测量，结果显示基质中积累的含量最高。基质对重金属的去除包括物理过程和化学过程。物理过程包括过滤作用和沉积作用。重金属进入湿地后，被基质层和植物根系过滤、截留，并沉积在基质中，导致金属离子从液相转移到固相。化学过程主要包括吸附、离子交换、氧化还原和沉淀作用。其中吸附作用是最重要的去除过程，通过吸附使重金属短期保持或长期固定，固定在基质表面的金属离子又进一步被基质中的有机质溶解，与腐殖质发生离子交换，与腐殖酸和富里酸结合或螯合、发生化学反应而产生沉淀（杨金燕等，2005）。此外，重金属可以通过以次生矿物质为载体而发生共沉淀作用被有效地去除。如 Cu、Ni、Zn、Mn 能以铁氧化物为载体发生共沉淀（Noller et al., 1994），钴（Co）、Fe 易与锰氧化物发生共沉淀（Otte et al., 1995），氢氧化铁胶体在酸性条件下带正电易于沉淀阴离子，在碱性条件下带负电易于沉淀阳离子，还可以与基质中各种无机物质反应形成溶解性极小的碳酸盐、磷酸盐、硫化物和氢氧化物而被固定（谭长银等，2003）。因此，研究人工湿地对重金属的修复应该考虑基质的作用，同时应考虑如何利用基质提高人工湿地处理金属效率。

1.4.4.2 植物

植物是湿地系统中的核心部分，常用的植物有芦苇、灯芯草、香蒲等。大型挺水植物在人工湿地中起到固定床体表面、提供良好过滤条件和防止湿地被淤泥堵塞等作用。在植物的选择上一般选择已被证实对污染物有较好去除效果的植物。植物在湿地系统去除重金属的过程中，主要起到以下 5 个作用：①植物直接对重金属的吸收和储存。常见的湿地植物对 Pb、Mn、Al、Fe、Cu、Cd 等均有富集作用（Mays et al., 2001）。②植物对重金属的还原解毒作用（Ca cador et al., 1996）。Zhang 等（2008）研究发现李氏禾对 Cr（Ⅵ）的还原作用可能是降低 Cr（Ⅵ）毒性的有效机制。③植物通过根系的过滤、吸附作用使重金属固定于土壤颗粒表面和植物根系表面，从而降低重金属在土壤中的有效性（谭长银等，2003）。④根际分泌物周围形成的特殊的微域生态系统，对重金属离子在根—土界面的迁移转化起着重要作用。吴启堂（1993）研究表明，根际水溶性小分子分泌物与 Cd 的络合作用较强，有利于土壤中的 Cd 向植物体内迁移。⑤增加了根际微生物数量，使其远高于非根际土壤中的数量，从而提高了对重金属的去除效果（Darrah，1991）。张鸿等（1999）研究表明，有植物的人工湿地中的细菌数量显著高于无植物的人工湿地，且植物根部的细菌比其他介质高 1～2 个数量级。植物除了能直接或间接去除重金属外，在维持湿地系统环境方面也发挥着重要作用（韩志萍等，2002）。这主要表现在：①植物为微生物提供了良好的生长繁殖环境；②植物凋落物和根际分泌的大量有机酸增加了土壤的肥力（吴振斌等，2001a）；③植物发达的根系为湿地系统传输了充足的氧气以维持良好的湿地环境，在根区形成了好氧、厌氧和缺氧区域，为不同的微生物提供各自的生存环境（周元清等，2011）；④减小了湿地孔隙体积，提高了出水速率，增加了表层基质的水流通道，并畅通了基质上下层，使水流加快，缩短了停留时间（吴振斌等，2001b）。

1.4.4.3 微生物

微生物在人工湿地去除重金属的过程中扮演着执行者的角色，对重金属的固定和转化起着重要作用。在人工湿地处理重金属之前，各类微生物的总量与天然湿地基本一样，但随着重金属不断进入湿地系统，某些细菌、真菌和放线菌的数量不断增加，并形成能适应且能利用这种重金属的特定优势群落（籍国东等，2002）。这些微生物中，有分布在根际附近的好氧菌，也有分布在远离根系区域的厌氧菌，还有许多兼性厌氧菌。微生物通过多重机制对重金属污染水体进行修复，主要表现在 6 个方面：①微生物在生长代谢过程中对重金属会产生吸收作用。例如，Co 与维生素 B_{12} 的代谢有关，Zn 是 DNA 聚合酶和 RNA 聚合酶的组分（陈素华等，2002）。②微生物的分泌物如多糖、糖蛋白、脂多糖等含有的酚基、酚羟基和羰基等活性基团对重金属有较强的络合和螯合作用（孙琴等，2005）。③微生物在生长代谢过程中产生的某些产物有利于重金属的沉淀。例如，厌氧硫酸盐还原菌将 SO_4^{2-} 还原成 H_2S 后，进而与金属离子形成溶解性极小的金属硫化物。抗 Cd 柠檬酸菌分泌酸性磷酸酯酶时产生的 PO_4^{3-} 可与重金属形成磷酸盐沉淀（王保军等，1996）。④微生物对重金属的转化作用。例如，铁细菌对 Mn 的氧化作用（格鲁德娃等，2001）。⑤微生物与重金属结合以降低其在环境中的毒性。如酵母菌含有的金属硫蛋白能与 Zn、Cd、Cu 结合（Gadd et al.，1992）。

1.5 李氏禾处理水体中铬污染研究现状

人工湿地使用寿命主要取决于植物种类的选择（Liu et al., 2007），对于提高金属去除率而言，植物种类的选择也是关键性因素（Liu et al., 2010）。生长在受污染的沉积物上并长期暴露在有毒环境下的本土植物，比非本土植物更能适应当地污染和环境条件（Grant et al., 2010）。但是，关于选择最佳植物种类的研究依然欠缺（Brisson et al., 2009）。国内外学者对人工湿地植物的选择主要集中在芦苇、香蒲、凤眼莲、美人蕉和灯芯草等少数几种植物上，这些植物主要对Cu、Fe、Mn、Pb、Al、Zn、Cd有较强的去除效果，对Cr的去除效果却鲜见报道（表1.3和表1.4）。

表1.3 人工湿地常用植物对重金属的去除率 单位：%

植物名称	去除率						
	Cu	Fe	Mn	Pb	Al	Zn	Cd
香蒲	99.70	99.70	70.90	93.78		97.02	96.39
芦苇	99.70	99.70	70.90	80.18	96.06	97.02	100.00
灯芯草	94.92			94.56	100.00	91.08	83.51
凤眼莲	99.70	99.70	70.90			80.00	

表1.4 人工湿地中不同植物对重金属的吸收 单位：g/m^2

植物种属	吸收重金属量				
	Fe	Cu	Zn	Ni	Mn
藨草属	2.62	16.13	168.00	5.75	4 032.00
苔草属	10.24	15.23	171.36	6.69	2 638.40
鸢尾属	3.22	14.14	120.00	4.34	947.36
香蒲属	1.58	6.77	62.92	2.68	1 121.78
甜茅属	2.70	11.65	151.84	4.14	1 218.88
芦苇	4.12	18.82	165.76	6.85	743.88
菖蒲属	1.55	6.56	60.80	1.73	612.80
黑三棱属	4.61	7.17	97.28	2.91	773.12
勿忘草属	3.26	3.90	33.28	1.02	640.00
薄荷属	5.21	14.28	131.04	3.41	640.10

李氏禾是课题组在中国境内首次发现并报道的湿生 Cr 超富集植物，对 Cr(Ⅲ)和 Cr(Ⅵ)有很强的耐受性和富集能力，其中叶部中平均铬含量达 1 786.9 mg/kg（张学洪等，2006），且具备适应能力强、生长迅速、根系发达、易于人工种植等优点（Liu et al.，2011）。

李氏禾（图 1.1）为多年生禾本科植物，具有发达的匍匐茎和细瘦根状茎，秆倾卧于地面并于节处生根。其节部膨大而密被倒生微毛；叶鞘多平滑，并短于节间；叶舌膜质，长 1～2 mm，基部两侧下延与叶鞘边缘愈合成鞘边；叶片为披针形，扁平或卷折，粗糙质硬，长 3～12cm，宽 3～6 mm，具长约 0.5 mm 的短柄；外稃 5 脉，脊与边缘均具刺状纤毛，两侧具微刺毛；内稃与外稃等长，较窄，具 3 脉；雄蕊 6 枚。李氏禾广泛分布于四川、贵州和广西等地区，多生于沼泽地、小溪旁或稻田的田基上，为湿生野草（中国科学院植物研究所，1975）。李氏禾生命力极强，在桂北某电镀废水污染的水塘中生长非常茂盛。对环境的适应性很强，水培易活，且生长非常迅速，宜于人工扩大培养（图 1.2）。Zhang 等（2007）通过盆栽实验发现，培养液中 Cr(Ⅲ)和 Cr(Ⅵ)分别为 10 mg/L 时，叶部中铬含量分别为 4 868 mg/kg 和 597 mg/kg。陈俊等（2008）通过水培实验评价了李氏禾对水中 Cr 的去除潜力，结果表明 Cr 的去除率接近 100%。陶笈汛等（2010）研究表明李氏禾对较高浓度重金属复合污染土壤中的 Cr 有较强的耐受和富集能力，在 100% 电镀污泥中李氏

图 1.1　李氏禾植株

图 1.2　温室人工湿地中的李氏禾

禾对 Cr 富集量可达 70.87 μg/ 株。可见李氏禾可能是一种在水体 Cr(Ⅵ)污染修复中极具应用前景的湿地植物。

1.6 生物质炭在环境修复方面的应用

生物质炭（Biochar）是生物质在缺氧或无氧的情况下，经高温慢热解产生的一类稳定、难熔、高度芳香化、富含碳素的固态物质（Marris，2006；Chun et al.，2004），其中碳元素含量在 60% 以上，并含有氮、氧、氢和硫等元素。生物质炭具有多级孔隙结构和巨大的比表面积，同时还带有大量的表面负电荷和电荷密度，含有羧基、酚羟基、羰基、内酯等多种官能团，这些表面特征使其具有优良的吸附特性（Renner，2007），对土壤环境中污染物的环境行为和转归有重要的影响。

1.6.1 生物质炭的来源、组分与特点

生物质炭一般是由农业废弃物制得，相较于原始的生物质，具有较强的稳定性（Glaser et al.，2009；Lehmann et al.，2003）。生物质炭制备原料廉价易得，制备过程耗能少。生物质炭制备可选用的生物质材料大体分为四类：木质材料、草本植物、水生植物和粪质材料（Mckendry，2002）。生物质主要由纤维素、半纤维素和木质素 3 种成分组成，生物质裂解成为生物质炭的过程主要是这三种成分裂解的过程。

生物质炭最重要的组分是由 C、O、H、N 等组成是有机组分，主要结构为烷基和芳香结构，还包含酚类、羧酸及其衍生物、烯烃及其衍生物等（Glaser et al.，1998），微观结构上是由众多高度扭曲并紧密堆积的芳香环片组成（Lehmann et al.，2005）。生物质炭是由很多不同裂解程度的碳组成，其性质与生物质裂解的温度密切相关（Chen et al.，2008）。同时，生物质炭具有多孔性特征，且多种孔径共存，孔径大小及组成也与裂解温度有关，随着温度的升高，微孔不断生成，生物质炭的芳香性增加，比表面积迅速增大，有利于生物质炭对污染物的吸附和去除。生物质炭中的中孔和大孔对土壤的保水

能力和通气性有影响，为微生物提供生存和繁殖的场所。生物质炭的多孔和多种孔径共存的特性为生物质炭在吸附污染物的同时负载微生物提供了可能，进而提高生物质炭去除污染物的能力。生物质炭曾被用作铅和有机物，以及阴离子和有机污染物双重高效吸附材料（Chen et al., 2011a），还被用作同时富集有机污染物和微生物的材料（Chen et al., 2012）。

含氧官能团是生物质炭的重要组成部分，主要包括—COOH、—COH和—OH等，使生物质炭表面呈现出亲水性和对酸碱的缓冲能力。生物质炭表面含氧官能团受材料、制备工艺、裂解温度的影响，其中裂解温度影响最大。一般用O/C比来表征生物质炭表面含氧官能团，O/C比随裂解温度的升高呈现降低的趋势（Keiluweit et al., 2010）。Keiluweit等（2010）用红外光谱表征了牛毛草裂解温度从100℃上升到700℃过程中其表面含氧官能团的变化情况：在100℃时，具有丰富的含氧官能团，如酯中的C—O、C═O基团、酚—OH和脂肪族的C—O—C等；而当温度升高到300℃时，羟基处的峰迅速减弱，极性官能团（—OH、C—O）显著降低；温度升高到500～700℃时，大部分含氧官能团减弱，甚至消失，剩下碳结构。

无机矿物也是生物质炭的重要组分，主要存在于生物质炭的灰分中，灰分的种类及含量在重金属的去除过程中具有非常重要的作用（Xu et al., 2013）。Xu等（2013）的研究表明，生物质炭的灰分随裂解温度的升高呈现逐渐增加的趋势。不同类型生物质裂解产生的生物质炭灰分差异很大，而同种类型的生物质因各种因素的影响，裂解产生的灰分也存在差异。Na、K、Ca、Mg是生物质炭中的主要盐基离子，也是植物生长所必需的营养元素，普遍存在于灰分中。研究表明，生物质炭中Na、K、Ca、Mg元素会随着裂解温度的升高而富集（Wu et al., 2012; Cantrell et al., 2012）。除此之外，生物质炭中还含有其他元素如Fe、P、Si等。

1.6.2 生物质炭在环境污染修复方面的研究现状

生物质炭是一种新型的环境多功能材料，由于其独特结构和性质，在固碳减排、土壤改良、环境污染修复中具有巨大的应用潜力。低温和中温处理的生物质炭表面具有丰富的含氧官能团，并表现出较强的碱性（Yuan et al.,

2011；Cao et al.，2010），对重金属有很强的吸附固定作用；中高温制备的生物质炭具有较大的比表面积（Chen et al.，2009；Azargohar et al.，2008；Azargohar et al.，2006），对有机污染物有优良的吸附能力。程嵩（2015）等用玉米芯制备的生物质炭对水体中 Cd^{2+} 进行吸附研究。杜敬霆（2015）研究发现生物质炭对多溴联苯醚有较好的吸附效应，最大吸附量可达 50.23 mg/g。梁美娜等（2012，2010）研究了蔗渣炭对氨氮和磷的吸附作用。陈淼等（2015）用蔗渣炭对土壤中的氧氟沙星进行吸附研究，结果表明添加生物质炭有利于砖红壤对氧氟沙星的吸附。

生物质炭在农业上也有广泛的使用，生物质炭施用到农田土壤中后土壤理化性质和土壤微生物会发生变化，土壤的孔隙度提高，表面积变大，容重降低。生物质炭由于具有孔隙结构和较大的比表面积，可以改善土壤团粒结构，增强土壤的通气性和持水能力。生物质炭一般显碱性，施用到土壤中后会增加土壤 pH，还可以提高土壤有机质含量和土壤肥力。许桂苹等（2016）通过向蔗田土壤中施加蔗渣炭有效地改善了蔗田土壤含水率、pH、阳离子交换量、有机质、全氮、全磷和速效磷含量。

生物质炭以其优良的生态效应和环境效应成为环境科学、土壤学等领域研究的热点之一。广西是我国最大的甘蔗种植基地，甘蔗种植面积达 60 万～70 万 hm^2（李杨瑞等，2009），同时也是我国产糖第一大省 / 区（马莉媛等，2012）。在蔗糖的生产过程中，会产生大量的蔗渣。据统计，广西地区年产蔗渣的量约为 240 万 t（肖和友等，2016）。如何将这部分蔗渣有效地利用，变废为宝，成为甘蔗制糖业亟待解决的一个问题。本书从实现环境和资源效益最大化的角度出发，将蔗渣炭作为人工湿地基质材料，研究其对人工湿地系统去除重金属污染的影响和对人工湿地系统的改良作用，为蔗渣炭在人工湿地系统的应用提供基础数据，拓展生物质炭在环境污染修复中的应用。

1.7 选题依据

水体 Cr（Ⅵ）污染不仅是亟待解决的环境问题，同时也是关系到公众健康的社会安全问题，但目前针对水体 Cr（Ⅵ）污染的修复技术仍十分有限。工程措施和传统的物理、化学方法需要消耗大量的能源和试剂，成本较高。因此，对高效、低耗、低成本、易管理、可持续的处理技术的需求日益迫切。而人工湿地在经济性和能耗问题上表现出了极大的优势，研究开发人工湿地系统在 Cr（Ⅵ）污染水体处理领域的应用具有重大的经济效益和社会效益。李氏禾是中国境内首次发现的湿生 Cr 超富集植物（张学洪等，2006）。该植物对 Cr（Ⅲ）和 Cr（Ⅵ）有很强的耐受性和富集能力，且具备适应能力强、生长迅速、根系发达、易于人工种植等优点（Liu et al.，2011）。因此，利用李氏禾构建人工湿地有望成为解决大面积、低浓度水体 Cr（Ⅵ）污染的新方法。

由于以往对人工湿地去除重金属的研究大多是在实验室条件下进行的，很少考虑季节温度变化对湿地系统处理效果所造成的影响，因此有必要考虑温室和冬季两种条件下李氏禾人工湿地对 Cr（Ⅵ）的去除效果，深入研究李氏禾人工湿地对 Cr（Ⅵ）污染水体的净化效能。这是决定该技术是否能推广应用到工程上的关键因素。

由于湿地系统存在“黑箱效应”，人们对 Cr（Ⅵ）进入湿地后的迁移转化过程与机理的认识尚不充分。为了最大限度地发挥李氏禾人工湿地系统对 Cr（Ⅵ）污染水体的修复潜力，将该技术进行工程应用，有必要深入了解李氏禾人工湿地系统净化 Cr（Ⅵ）污染水体的机理。铬污染水体的危害主要来源于 Cr（Ⅵ），将 Cr（Ⅵ）还原成 Cr（Ⅲ）是降低其生态风险的基本思路。一些研究表明，水生植物和微生物具有将 Cr（Ⅵ）还原成 Cr（Ⅲ）的能力（Zazo et al.，2008；Han et al.，2004）。很多有机质（如腐殖质）可以充当 Cr（Ⅵ）还原的电子供体（Chen et al.，2011b）。但目前，对铬在基质、水体和植物中的价态转化仍缺乏详细的研究。李氏禾人工湿地系统能否有效地将 Cr（Ⅵ）还原成 Cr（Ⅲ）？截留在湿地系统中的铬在基质和李氏禾植株中以何种化学形态存在？解答这些关键科学问题，是论证李氏禾人工湿地系统净化水体 Cr（Ⅵ）有效性和生态安全性的重要科学依据。

目前，关于湿地植物的选择大多数都集中在一些普通的非富集的植物上，而李氏禾是一种富集铬的湿生植物，对水体中的铬具有不同于普通植物的吸收、转移和富集能力，用李氏禾构建的人工湿地可能存在特殊的铬迁移和分布规律。以往对植物在湿地系统中的作用只考虑了植物直接对重金属的吸收，而植物的存在能影响基质中微生物的数量和微生物的活性，这些对 Cr(Ⅵ)还原都会产生影响，并且植物的根分泌物、凋落物以及微生物的代谢活动还会影响基质中的有机质含量。此外，植物的残体和凋落物能够吸附大量的 Cr(Ⅵ)，而微生物对凋落物的分解又会逐步释放其中的铬。这势必会造成铬的转移和再分配。而现有的研究往往忽视了这一过程在物质循环中的作用（Juan et al.，2011）。因此，详细研究李氏禾在湿地系统净化 Cr(Ⅵ)污染水体过程中的作用，是理解李氏禾人工湿地系统净化 Cr(Ⅵ)机理、提高 Cr(Ⅵ)净化效率的关键所在。

生物质炭以其优良的环境效应和生态效应成为环保领域研究的热点之一。广西是我国产糖大省，也是最大的甘蔗种植基地。蔗糖在生产过程中产生大量的蔗渣。将蔗渣炭运用到李氏禾人工湿地基质中，研究其对人工湿地系统去除重金属 Cr(Ⅵ)污染的影响，对蔗渣炭在人工湿地系统的应用、提高李氏禾人工湿地对重金属 Cr(Ⅵ)废水去除效率均有重要的研究意义，同时，也拓展了蔗渣炭在环境修复领域的应用，为蔗渣的资源化利用提供了新的途径。

1.8 研究目的与内容

1.8.1 研究目的

本研究是国家自然科学基金项目“李氏禾湿地系统净化水体 Cr(Ⅵ)的关键生物地球化学过程”（41273142）中的部分研究工作。通过探讨蔗渣炭混合基质对李氏禾人工湿地系统的影响，评价李氏禾人工湿地对 Cr(Ⅵ)污染水体的净化能力，探讨铬在李氏禾人工湿地系统中的转归，明确李氏禾在湿地系统净化水体 Cr(Ⅵ)中的作用，为揭示蔗渣炭混合基质李氏禾人工湿地系统净化水体 Cr(Ⅵ)的生物地球化学机理奠定基础；为蔗渣炭在人工湿地系统的应用，提高李氏禾人工湿地净化 Cr(Ⅵ)污染水体的性能，优化人工湿地的设计、运行和管理提供科学依据。

1.8.2 研究内容

(1)蔗渣炭的制备及其对湿地基质生化性质的影响

用炭化方法制备蔗渣炭，对生物质炭的产品得率、pH、主要元素含量、有机碳含量等指标进行测试，优化制备方法。将蔗渣炭添加到李氏禾人工湿地系统中，考察蔗渣炭对李氏禾人工湿地系统基质 pH、有机碳含量、微生物数量等生物和化学性质的影响。

(2)李氏禾人工湿地对 Cr(Ⅵ)污染水体的净化性能

利用湿生铬超富集植物李氏禾构建三段式人工湿地(SFCW-L)，净化不同浓度人工配制的 Cr(Ⅵ)污染水体，以探讨李氏禾人工湿地对 Cr(Ⅵ)的净化潜能，评价李氏禾人工湿地对 Cr(Ⅵ)污染水体的净化能力。冬季移除李氏禾地上部分后，研究湿地系统对不同浓度 Cr(Ⅵ)污染水体的净化效果，以评价李氏禾人工湿地在冬季气候条件下运行的有效性和稳定性。

(3)蔗渣炭混合基质对李氏禾人工湿地系统净化效能的促进作用

对添加了蔗渣炭作为基质材料的李氏禾人工湿地系统和未添加蔗渣炭的李氏禾人工湿地系统进行对比实验，研究两种李氏禾人工湿地系统对重金属 Cr(Ⅵ)的去除效率、基质性质的不同影响，探讨蔗渣炭作为基质改良剂对李氏禾人工湿地系统去除 Cr(Ⅵ)污染的影响机制和作用。

(4)铬在李氏禾人工湿地系统中的迁移转化

在李氏禾人工湿地对 Cr(Ⅵ)污染水体净化性能的研究基础上，运用电子顺磁共振(EPR)检测铬在李氏禾植株中的价态转化和形态特征；运用 X 光电子能谱(XPS)检测铬在基质中的价态转化和形态特征，并结合铬在李氏禾人工湿地系统各介质中的分布、基质的 pH 和 Eh 以及基质表面傅里叶变换红外光谱(FTIR)分析，探讨李氏禾人工湿地系统对 Cr(Ⅵ)的去除机理。

(5)李氏禾人工湿地系统中的微生物群落结构及其作用

利用聚合酶链反应 - 变性梯度凝胶电泳(PCR-DEEG)技术分别对有李氏禾铬污染人工湿地、有李氏禾清洁湿地和无李氏禾铬污染湿地中微生物的群落结构进行分析，对李氏禾人工湿地中微生物对 Cr(Ⅵ)的还原特性进行研究，揭示群落结构变化的特征和净化功能等关键科学问题，为揭示湿地系统净化水体 Cr(Ⅵ)的生物地球化学机理奠定基础，为提高李氏禾人工湿地系统对 Cr(Ⅵ)的净化功能，优化人工湿地的设计、运行和管理提供科学依据。

第 2 章　蔗渣炭的制备及其对人工湿地基质的影响

2.1　引言

生物质炭目前广泛应用于环保领域，特别是用于吸附液体和气体中的有毒有害物质。生物质炭一般是由植物的边角废料或廉价的植物通过炭化而来。制备生物质炭的材料来源非常广泛。生物质炭在环境领域具有广阔的应用前景，因为其制作原料可以是廉价的植物废料，是固体废物资源化的有效途径之一，所以利用生物质废料生产生物质炭成为环保材料领域研究的热点。广西种植有大面积的甘蔗，甘蔗制糖是广西的支柱产业之一。制糖厂每年都产生大量的蔗渣废弃物，大部分用作锅炉燃料或作为造纸原料，经济附加值较低。蔗渣主要成分是纤维素和木质素，因此可以作为生产生物质炭的理想原料。利用蔗渣生产制备生物质炭，可以为蔗渣固体废物的高效资源化利用开辟一条新的途径。生物质炭在农业上也有广泛的使用，生物质炭施用到农田土壤中后土壤理化性质和土壤微生物会发生变化，如土壤的孔隙度提高、表面积变大、容重降低，有利于农作物的生长。生物质炭一般显碱性，施用到土壤中后会增加土壤 pH，还可以提高土壤有机质含量，提高土壤肥力。人工湿地生态系统与农业生态系统具有相似性。因此，可以利用生物质炭改良湿地基质的物理、生物和化学性质。人工湿地的基质是影响其污染物去除效果的重要因素之一。基质不仅可以吸附污染物，也可以为植物的生长提供养分，为微生物的生长提供场所。因此，研究添加蔗渣炭对人工湿地基质性质的影响具有重要的意义。

本书以广西甘蔗制糖行业产生的固体废物蔗渣作为原料，生产制备生物质炭，研究蔗渣炭的产品得率，分析蔗渣炭的 pH、元素含量和有机碳含量等理化性质，为蔗渣炭的生产提供基础数据，同时将制备的蔗渣炭用作人工湿地基质，研究添加蔗渣炭对基质 pH、有机碳含量和微生物数量的影响，为生物质炭在人工湿地中的应用提供基础数据。

2.2　蔗渣炭的制备及性质测定

2.2.1　实验材料

供试蔗渣来源于广西桂林某制糖公司。采集的蔗渣自然风干 10 天后，粉碎成粉末状，过 18 目筛，置于烧杯中，放入电热恒温干燥箱在 105℃条件下烘干 24 h，自然冷却至室温，放入密封玻璃瓶中待用。

2.2.2　蔗渣炭的制备

将原料粉末放入直径为 90 mm、高为 90 mm、容量为 480 mL 的刚玉坩埚中，压实后盖上盖子，放入 TM 0610 马弗炉中，向马弗炉中充入高纯氮（N_2），置换出空气，使炭化过程在氮气保护下进行。

先在 200℃下对蔗渣进行预炭化 2 h，然后以 5℃ /min 的速率将温度调至 500℃，后继续保温 3 h，冷却至室温后取出坩埚称重。将所得生物质炭粉碎，过 60 目筛备用。

2.2.3　炭化产品性质测定

2.2.3.1　产品得率的测定

将炭化冷却后的生物质炭取出称重，根据式（2-1）计算产品得率。

$$Y = \frac{M_1}{M_2} \tag{2-1}$$

式中：Y——产品得率，%；

M_1——蔗渣炭化后的质量，g；

M_2——蔗渣炭化前的质量，g。

2.2.3.2 产品 pH 的测定

采用《木质活性炭试验方法 pH 值的测定》（GB/T 12496.7—1999）中的方法测定蔗渣炭的 pH。

将 100 mL 超纯水煮沸 5 min，置于锥形瓶中密封冷却备用。称取 2.50 g 试样，置于 100 mL 的锥形瓶中，加入煮沸后的超纯水 50 mL，煮沸 5 min，补充蒸发的蒸馏水，过滤，滤液自然冷却至室温，用 pH 计测量 pH。

2.2.3.3 产品主要元素含量的测定

①生物质炭中碳（C）、氢（H）、N 的含量：采用元素分析仪（EA2400 Ⅱ型，美国铂金埃尔默仪器有限公司）测定。元素分析仪是利用纯氧气将样品燃烧氧化，转变元素为单一气体，并将这单一气体作为热导率的函数来测量，可快速准确地测定样品中 C、H、N 的含量。

②营养盐元素钙（Ca）、镁（Mg）、钾（K）的含量：用电感耦合等离子体质谱仪（Optima 7000DV 型，美国铂金埃尔默仪器有限公司）测定。

③有效磷（P）：采用《森林土壤有效磷的测定》（LY/T 1233—1999）中的碳酸氢钠浸提 - 钼酸盐比色法测定，将 1.0 g 生物质炭放入 20 mL 的 $NaHCO_3$ 溶液中（浓度为 0.5 mol/L），恒温振荡 30 min 后过滤，滤液用钼酸盐比色法测定有效磷的含量。

④生物质炭中总铬（Cr）的测定。消解方法：称取 0.20 g 生物质炭于微波消解罐中，用少量水润湿后加入 6 mL 硝酸（优级纯）、2 mL 氢氟酸（优级纯）加盖密封，放于微波消解系统转盘上，设置消解程序进行样品消解，5 min 持续升温至 120℃后恒温 3 min，继续升温 10 min 至 180℃，恒温 15 min 后冷却至室温，取出消解罐转移至 50 mL 聚四氟乙烯坩埚中，加入 2 mL 高氯酸，电热板温度控制在 150℃，驱赶白烟并蒸至内容物呈黏稠状。取下坩埚待稍微冷却，加入 3 mL 盐酸，温热溶解可溶性残渣，全量转移至 25 mL 比色管中，加入 5 mL 氯化铵，冷却后定容至 25 mL，用火焰原子吸收分光光度法测定总 Cr 含量。

2.2.3.4　产品有机碳含量的测定

采用《土壤　有机碳的测定　重铬酸钾氧化 - 分光光度法》（HJ 615—2011）的方法进行检测。

2.2.3.5　实验仪器

超纯水器，UPW-40NE 型，北京历元电子仪器公司；电热恒温干燥箱，DNG-9240A 型，上海精宏实验设备有限公司；精密分析天平，FA1004 型，上海天平仪器厂；精密 pH 计，pHS-3C 型，上海雷磁仪器厂；马弗炉，TM0610 型，北京盈安美诚科学仪器有限公司；电感耦合等离子体质谱仪，Optima 7000DV 型，美国铂金埃尔默仪器有限公司；元素分析仪，EA2400 Ⅱ型，美国铂金埃尔默仪器有限公司；粉碎机，FS 型，上海嘉定粮油检测仪器厂；紫外 - 可见光分光光度计，UV-9600 型，北京瑞利分析仪器有限责任公司。

2.2.4　实验结果

2.2.4.1　产品得率

实验共做 4 个批次，分别称取炭化前后的质量，按式（2-1）计算产品得率，以算术均值作为实验结果，见表 2.1。

表 2.1　蔗渣炭产品得率

项目	批次 1	批次 2	批次 3	批次 4	均值
蔗渣炭化前的质量 M_2/g	230.34	238.72	225.86	242.54	—
蔗渣炭化后的质量 M_1/g	89.84	90.35	89.67	90.37	—
产品得率 /%	39.00	37.85	39.70	37.26	38.45

2.2.4.2　产品基本性质

将 4 个批次制得的蔗渣炭混合均匀，取样进行测试，重复 3 次，取平均值 ± 标准差作为分析结果。蔗渣炭的基本性质见表 2.2。

表 2.2　蔗渣炭的基本性质

材料名称	基本性质	
蔗渣炭	pH	8.62 ± 0.38
	C 含量 /%	74.66 ± 3.45
	N 含量 /%	1.05 ± 0.05
	H 含量 /%	2.78 ± 0.15
	Ca/（mg/kg）	18 280.46 ± 802.56
	Mg/（mg/kg）	1 790.22 ± 78.51
	K/（mg/kg）	3 217.06 ± 145.45
	Cr/（mg/kg）	ND
	总有机碳 /（g/kg）	332.50 ± 17.59
	有效磷 P/（mg/kg）	952.12 ± 38.66

注：ND 表示未检出。

2.3　蔗渣炭对湿地基质性质的影响

2.3.1　实验材料

供试蔗渣炭：根据 2.2 节的方法自制而来。

供试土壤：采集于桂林漓江支流良丰河汇入口的河滩地，属于沙壤土，其土质疏松、粒间孔隙大、透水透气性好。采集 0～20 cm 土层土样，剔除大颗粒砂石，去除草根的杂物，在阴凉处自然风干，敲碎后过 60 目尼龙网筛，保存备用。供试土壤理化性质见表 2.3。

表 2.3　供试土壤理化性质

土壤类型	基本性质	
沙壤土	pH	6.32 ± 0.26
	容重 /（g/cm^3）	1.65 ± 0.05
	Ca/（mg/kg）	15 120.35 ± 656.12
	Mg/（mg/kg）	1 235.55 ± 58.77
	K/（mg/kg）	256.55 ± 12.72
	Cr/（mg/kg）	5.07 ± 0.18
	总有机碳 /（g/kg）	35.67 ± 0.51
	有效磷 P/（mg/kg）	18.49 ± 0.82

2.3.2 实验方法

2.3.2.1 实验设计

称取定量经预处理的沙壤土，装在 500 mL 的塑料烧杯中，加入定量的蔗渣炭，充分搅拌均匀，保证蔗渣炭与土壤充分混合均匀。加入蒸馏水模拟人工湿地，液面高出土层 0.5～1.0 cm，置于生化培养箱中培养，定时补充蒸馏水，保证水面高过土层。在培养期的第 1 天、第 15 天、第 30 天、第 45 天、第 60 天进行采样分析。

不同处理如下：

①空白对照：未添加蔗渣炭的为空白对照，600.00 g 沙壤土。

②处理 A：添加 1.0% 的蔗渣炭（594.00 g 沙壤土 +6.00 g 蔗渣炭），每种处理 3 个重复实验。

③处理 B：添加 2.5% 的蔗渣炭（585.00 g 沙壤土 +15.00 g 蔗渣炭），每种处理 3 个重复实验。

④处理 C：添加 5.0% 的蔗渣炭（570.00 g 沙壤土 +30.00 g 蔗渣炭），每种处理 3 个重复实验。

2.3.2.2 测试方法

①基质 pH：采用《土壤检测　第 2 部分：土壤 pH 的测定》（NY/T 1121.2—2006）的方法进行检测。

②微生物菌落数（Colony-Forming Units，CFU）：采用平板计数法测定微生物菌落数。取试样 10 g，放置在装有 10 mL 生理盐水（0.85% *W*/*V* NaCl）的无菌试管中，于室温下在磁力搅拌器上搅拌 1 min，连续稀释样品，稀释后取 0.1 mL 稀释液放在营养琼脂上扩散，恒温 25℃放置 4 天后进行平板计数。

2.3.2.3 实验仪器

生化培养箱，PX-250B-Z 型，上海博讯实业有限公司；精密 pH 计，pHS-3C 型，上海雷磁仪器厂；元素分析仪，EA2400 Ⅱ型，美国铂金埃尔默仪器有限公司；平板菌落计数器，XK97-B 型，北京亚力恩机电技术研究所；立式压力蒸汽灭菌器，YXQ-LS-70A 型，上海博讯实业有限公司。

2.3.2.4 数据处理

实验数据采用平行样均值 ± 标准差作为实验结果，采用软件 Microsoft Office Excel 2003 制图，采用统计软件 SPSS18.0 处理数据，采用独立样本 *T* 检验或单因素方差分析（ANOVA）检验差异显著性。

2.3.3 结果与讨论

2.3.3.1 蔗渣炭对基质 pH 的影响

人工湿地基质的 pH 与湿地植物的生长有着密切关系。对于湿地植物来说，其生长环境一般要求 pH 为 4.20～8.00。供试的沙壤土的 pH 为 6.32，经过不同浓度处理和不同培养时间的基质 pH 变化见图 2.1。

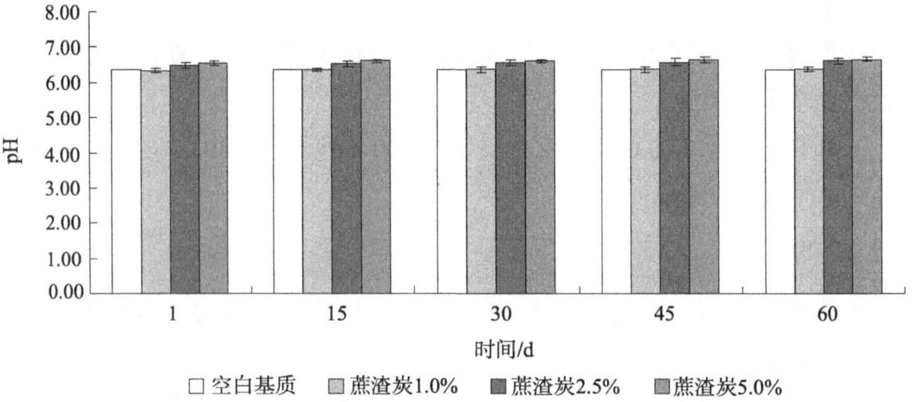

图 2.1 不同浓度处理和不同培养时间的基质 pH 变化

蔗渣炭添加到基质中进行培养，当培养时间为 15 天，空白基质 pH 为 6.34，添加蔗渣炭 1.0%、2.5%、5.0% 的三组处理的基质 pH 分别为 6.36、6.52、6.60，相较于空白对照组的 pH 提升范围为 0.02～0.26；当培养时间为 30 天，空白基质 pH 为 6.36，三组处理的基质 pH 分别为 6.37、6.56、6.60，相较于空白对照组的 pH 提升范围为 0.01～0.24；当培养时间为 45 天，空白基质 pH 为 6.36，三组处理的基质 pH 分别为 6.37、6.58、6.65，相较于空白对照组的 pH 提升范围为 0.01～0.29；当培养时间为 60 天，空白基质 pH 为 6.36，三组处理的基质 pH 分别为 6.37、6.60、6.66，相较于空白对照组的 pH

提升范围为 0.01～0.30。

采用 SPSS18.0 软件进行单因素 ANVOA 检验，结果表明：相同培养时间、不同浓度处理的基质 pH 差异不显著［最小显著性差异法（LSD），$P<0.05$］；相同浓度处理、不同培养时间的基质 pH 差异也不显著（LSD，$P<0.05$）。但是，经过添加不同比例蔗渣炭后，基质 pH 有小幅增加，且随着施用量的增加，基质的 pH 升高。这与蔗渣炭的性质有关，蔗渣炭偏碱性，混合进入基质后，可中和酸性物质，从而提高基质的 pH。

2.3.3.2　蔗渣炭对基质中微生物菌落数的影响

在培养第 1 天和第 60 天分别对空白对照组、处理 A、处理 B、处理 C 取样，分析基质中微生物的菌落数（CFU）。经过不同浓度处理和不同培养时间的基质微生物菌落数变化见表 2.4 和表 2.5。

表 2.4　基质中微生物菌落数（培养时间为 1 天）

基质类型	微生物菌落数 /（$CFU \times 10^4/g$）		
	细菌	真菌	放线菌
空白对照	1130 ± 69 a	2.05 ± 0.07 a	3.57 ± 0.11 a
处理 A（添加量为 1.0%）	1127 ± 49 a	1.97 ± 0.07 a	3.44 ± 0.09 a
处理 B（添加量为 2.5%）	1138 ± 37 a	1.92 ± 0.09 a	3.38 ± 0.10 a
处理 C（添加量为 5.0%）	1134 ± 45 a	2.01 ± 0.10 a	3.45 ± 0.08 a

注：同一列中不同字母表示存在统计学意义上的差异（LSD，$P<0.05$，$n=3$）。

表 2.5　基质中微生物菌落数（培养时间为 60 天）

基质类型	微生物菌落数 /（$CFU \times 10^4/g$）		
	细菌	真菌	放线菌
空白对照	1255 ± 59 a	1.89 ± 0.09 a	102.33 ± 7.38 a
处理 A（添加量为 1.0%）	1845 ± 70 b	2.07 ± 0.09 b	418.77 ± 13.64 b
处理 B（添加量为 2.5%）	1966 ± 51 bc	2.04 ± 0.06 bc	462.52 ± 30.21 bc
处理 C（添加量为 5.0%）	2110 ± 70 c	2.13 ± 0.08 c	488.37 ± 15.01 c

注：同一列中不同字母表示存在统计学意义上的差异（LSD，$P<0.05$，$n=3$，平均数从大到小依次表示为 a、b、c）。

从表 2.4 和表 2.5 可以看出，培养初始，各处理的细菌、真菌和放线菌的菌落数与空白对照组差异不显著。培养 60 天时，各处理与空白对照组的细菌、真菌和放线菌菌落数均存在显著性差异：处理 A、处理 B、处理 C 的细菌数分别是空白对照组的 1.47 倍、1.57 倍、1.68 倍，真菌分别是 1.10 倍、1.08 倍、1.13 倍，放线菌分别是 4.09 倍、4.52 倍、4.77 倍，说明添加蔗渣炭有效地增加了基质中的微生物数量，这与蔗渣炭增加了基质中的有机质和 N、P、K 等营养元素有关。

处理 A、处理 B、处理 C 三组处理中，处理 C 的细菌菌落数与处理 B 差异不显著，与处理 A 差异显著，菌落数量随着蔗渣炭的投加量增加而增加，真菌和放线菌的菌落数也呈相同规律，说明蔗渣炭为微生物的生长提供了适宜的场所和营养物质。

2.4 本章小结

（1）利用蔗渣制备生物质炭，产品得率平均为 38.45%。蔗渣炭的 pH 为 8.62 ± 0.38，总有机碳含量为（332.50 ± 17.59）g/kg，有效磷 P 含量为（952.12 ± 38.66）mg/kg，未检出总 Cr。

（2）沙壤土基质中添加 1.0%、2.5% 和 5.0% 的蔗渣炭后，不同培养时间下，基质 pH 均有小幅提升，随着施用量的增加而升高。基质的 pH 升高与蔗渣炭呈碱性有关，蔗渣炭中和了酸性物质从而提高基质的 pH。

（3）添加蔗渣炭可有效增加基质中的微生物菌落数量，这说明蔗渣炭可为微生物的生长提供适宜的场所和营养物质。

第 3 章　两种不同基质李氏禾人工湿地对水中 Cr(Ⅵ)的净化性能

3.1　引言

人工湿地作为一种 20 世纪 70 年代发展起来的污水处理技术，通常被认为是由物理、化学和生物三重作用协同实现对污水的高效净化。早期的人工湿地多用于处理城市生活污水。近些年来一些研究开始涉及处理重金属污水，并验证了人工湿地具有的独特而复杂的净化机理使其在去除重金属的过程中能够发挥重要作用。然而，目前研究大多只是集中在利用普通的挺水植物来构建人工湿地，用湿生超富集植物构建湿地处理 Cr(Ⅵ)污染水体的研究尚不多见。

李氏禾作为一种铬的湿生超富集植物，不仅对铬有很强的富集作用，而且具有生长快、地理分布广和适应能力强的特点（张学洪等，2006），其在水体 Cr(Ⅵ)污染修复中可能极具应用前景。因此，利用以李氏禾作为湿地植物构建的人工湿地来净化 Cr(Ⅵ)污染水体可能是一条经济有效的途径。然而，目前这方面的研究仍十分缺乏，急需开展相关研究，为开发利用李氏禾人工湿地去除水体 Cr(Ⅵ)提供科学依据。

基质作为人工湿地中植物和微生物的载体，是人工湿地的重要组成部分，其作用除提供植物生长的基础以外，同时还提供微生物挂膜生长的界面。大部分污染物，尤其是重金属类污染物处理过程中的反应是在基质中进行的。基质的吸附性、结构特征、营养物含量和氧化还原性等特征对湿地系统重金属的净化起着重要作用。通过基质改良，改变上述性状，对提高湿地系统的重金属净化能力具有重要的意义。因此，有必要研究基质改良对湿地系统重金属净化的强化作用，为优化湿地系统的基质、提高湿地系统对重金属的净化效率提供科学参考。

本章通过构建沙壤土基质、沙壤土与蔗渣炭混合基质两组人工湿地系统，采用人工配制的 Cr(Ⅵ)废水，研究不同基质类型李氏禾人工湿地在不同初始浓度和不同温度下对 Cr(Ⅵ)污染水体的净化效果，以评价不同基质李氏禾人工湿地对 Cr(Ⅵ)污染水体的净化能力。

3.2 实验材料

3.2.1 湿地装置

人工湿地为三段式波形人工湿地，以塑料板焊接而成，尺寸为长 × 宽 × 高 =130 cm × 50 cm × 40 cm。人工湿地设置宽度 10 cm 的进水配水区，基质区长 120 cm，平分为三段，每段长 40 cm，每段用隔板隔开使之形成波形。进水区为高 38 cm 的砾石导水层（砾石粒径约 2 cm）；湿地区总深度为 35 cm，其下层为 5 cm 的砾石导水层（砾石粒径约 1 cm），上层为 30 cm 的基质层。试验装置如图 3.1 所示。

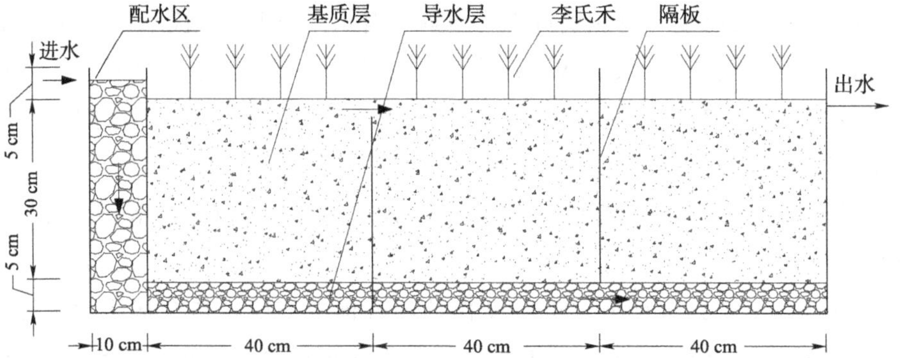

图 3.1　人工湿地示意

3.2.2 供试基质

1# 沙壤土基质李氏禾人工湿地：基质为单一沙壤土基质，采集于桂林漓江支流良丰河汇入口的河滩地，采用与 2.3.1 节相同的方法进行预处理，装入人工湿地装置中。

2# 蔗渣炭混合基质李氏禾人工湿地：基质为沙壤土与蔗渣炭的混合基质，将蔗渣炭与沙壤土按 5∶95 的质量比进行混合，混合均匀后装入人工湿地装置中。不同基质的理化性质见表 3.1。

表 3.1 基质的理化性质

湿地编号	基质类型	pH	氧化还原电位 Eh/mV	总有机碳 /（g/kg）	有机质 /（g/kg）	六价铬 /（mg/kg）	总铬 /（mg/kg）
1#	沙壤土基质	6.32 ± 0.26	392.70 ± 4.60	12.67 ± 0.51	59.50 ± 3.10	—	5.07 ± 0.18
2#	混合基质	6.33 ± 0.22	390.10 ± 6.50	12.94 ± 0.34	62.60 ± 2.80	—	5.01 ± 0.21

3.2.3 湿地植物

实验用植物李氏禾采自桂林市雁山区良丰河河滩地非污染区，采集后进行修剪，保留 15 cm 左右的茎叶和根系，然后用纯水洗净后，置于霍格兰氏（Hoagland’s）营养液（表 3.2）中培养，培养时间 5 天，以恢复在运移过程中受损坏的根系。经过适应性培养后，以 60 株 /m^2 的种植密度种植于湿地中，种植完后立即充水，水面高于基质表面。1# 沙壤土基质李氏禾人工湿地见图 3.2，2# 蔗渣炭混合基质李氏禾人工湿地见图 3.3。

表 3.2 霍格兰氏营养液配方

大量元素		微量元素	
试剂	质量浓度	试剂	质量浓度
四水硝酸钙	945 mg/L	硼酸	6.2 mg/L
硝酸钾	506 mg/L	硫酸锰	22.3 mg/L
硝酸铵	80 mg/L	硫酸锌	8.6 mg/L

续表

大量元素		微量元素	
磷酸二氢钾	136 mg/L	钼酸钠	0.25 mg/L
硫酸镁	493 mg/L	硫酸铜	0.025 mg/L
微量元素	5 mL/L	氯化钴	0.025 mg/L
铁盐溶液	2.5 mL/L	碘化钾	0.83 mg/L
铁盐溶液（七水硫酸亚铁）	2.78 g		
乙二胺四乙酸二钠	3.73 g		
蒸馏水（500 mL）	pH=5.5		

图 3.2　1# 沙壤土基质人工湿地

图 3.3　2# 蔗渣炭混合基质人工湿地

3.2.4　供试废水

含 Cr(Ⅵ)废水由重铬酸钾（分析纯）和自来水按照比例配制而成，其 COD 为 5.52～7.46 mg/L，模拟废水含 Cr(Ⅵ)浓度根据实验需要配制分别为 5.00 mg/L、7.50 mg/L 和 10.00 mg/L。用 NaOH 溶液，调节 pH 为 6.50 ± 0.20。

3.3 实验方法

3.3.1 温室条件下处理实验

将已经水培 5 天的两组人工湿地系统置于温室环境条件下（温度 25℃，日照 14 h/d，相对湿度 75%），用计量泵输入人工配制的 Cr（Ⅵ）废水，进水 Cr（Ⅵ）质量浓度为 5.00 mg/L。采用连续进水的方式，进水流量为 0.06 m^3/d，表面水力负荷率为 0.1 m^3/（m^2 · d）。每隔 3 天从湿地出口采集水样（约 150 mL），立即测定 Cr（Ⅵ）和总 Cr 的质量浓度。

第 156 天采样后，保持进水流量和表面水力负荷不变，调整进水质量浓度至 7.50 mg/L，运行 6 天后，每隔 3 天从湿地出口采集水样进行测定，连续运行 30 天。

再次调整进水质量浓度至 10.00 mg/L，运行 6 天后，每隔 3 天从湿地出口采集水样进行测定，连续运行 30 天。

3.3.2 冬季气候条件下处理实验

为了评价李氏禾人工湿地系统在冬季气候条件下对 Cr（Ⅵ）的去除性能，使人工湿地系统于冬季气候的条件（温度 5℃，日照 10 h/d，相对湿度 75%）下运行，该温度条件可以模拟通常广西桂林最冷月份（1 月和 2 月）的自然环境条件（温度为 0～10℃）。

在此温度条件下，植物开始枯萎（图 3.4 和图 3.5），植物枯萎期（7 天）湿地系统不输入含 Cr（Ⅵ）的污水。植株枯萎后，以进水流量为 0.06 m^3/d、表面水力负荷率为 0.1 m^3/（m^2 · d）的参数，输入 Cr（Ⅵ）质量浓度为 5.00 mg/L 的废水，连续运行 30 天，每隔 3 天从湿地出口采集水样，测定 Cr（Ⅵ）和总 Cr 的质量浓度。

第 30 天采样后，保持进水流量和表面水力负荷不变，调整进水质量浓度至 7.50 mg/L，运行 6 天后，每隔 3 天从湿地出口采集水样进行测定，连续运行 30 天。

再次调整进水质量浓度至 10.00 mg/L，运行 3 天后，每隔 3 天从湿地出口采集水样进行测定，连续运行 30 天。

图 3.4　李氏禾凋落后的 1# 湿地

图 3.5　李氏禾凋落后的 2# 湿地

3.3.3　测试方法

（1）Cr(Ⅵ)：采用《水质　六价铬的测定　二苯碳酰二肼分光光度法》（GB 7467—1987）的方法测定。

（2）总 Cr：采用《水质　总铬的测定》（GB 7466—1987）的方法测定。

3.3.4　实验仪器

紫外－可见光分光光度计，UV-9600 型，北京瑞利分析仪器公司；超纯水器，UPW-40NE 型，北京历元电子仪器公司；精密分析天平，FA1004 型，上海天平仪器厂。

3.3.5　数据处理

Cr（Ⅵ）和总 Cr 去除率计算公式：

$$R=[(C_0-C_i)/C_0]\times 100\% \qquad (3\text{-}1)$$

式中：R——Cr（Ⅵ）或总 Cr 去除率，%；

C_0——进水 Cr（Ⅵ）质量浓度或总 Cr 质量浓度，mg/L；

C_i——出水 Cr（Ⅵ）质量浓度或总 Cr 质量浓度，mg/L。

水样分析设置 3 个平行样，取平均值 ± 标准差作为实验结果。采用软件 Microsoft Office Excel 2003 制图，采用统计软件 SPSS18.0 处理数据。

3.4　实验结果

3.4.1　温室条件下的去除效果

3.4.1.1　Cr（Ⅵ）的去除效果

向湿地泵入质量浓度为 5.00 mg/L 含 Cr（Ⅵ）废水，连续运行 156 天，运行结果见图 3.6 和图 3.7。

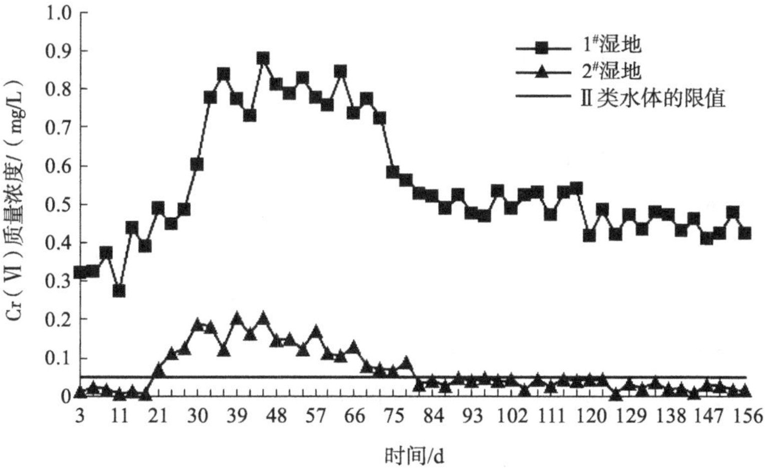

图 3.6　温室条件下湿地出水 Cr（Ⅵ）质量浓度

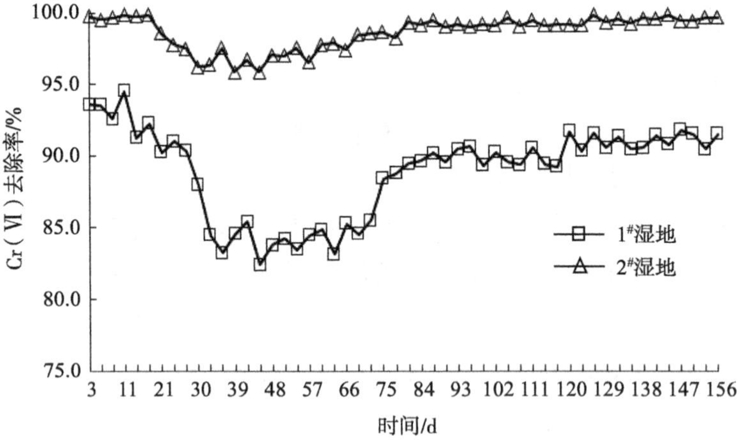

图 3.7 温室条件下湿地出水 Cr(Ⅵ)的去除率

由图 3.6 和图 3.7 可知，当进水 Cr(Ⅵ)质量浓度为 5.00 mg/L 时，李氏禾人工湿地运行前 18 天，2# 蔗渣炭混合基质李氏禾人工湿地出水 Cr(Ⅵ)质量浓度为 0.006～0.072 mg/L，平均质量浓度为 0.022 mg/L，低于《地表水环境质量标准》(GB 3838—2002) 中Ⅱ类水体的 Cr(Ⅵ)限值 (0.05 mg/L)，平均去除率 99.56%；1# 沙壤土李氏禾人工湿地出水 Cr(Ⅵ)质量浓度为 0.272～0.489 mg/L，平均质量浓度为 0.375 mg/L，高于 GB 3838—2002 中Ⅱ类水体的 Cr(Ⅵ)限值，平均去除率为 92.56%。

运行第 19～第 90 天，2# 湿地出水 Cr(Ⅵ)质量浓度为 0.026～0.206 mg/L，平均质量浓度为 0.115 mg/L，高于 GB 3838—2002 中Ⅱ类水体的 Cr(Ⅵ)限值，平均去除率为 97.70%；1# 湿地出水 Cr(Ⅵ)质量浓度为 0.449～0.879 mg/L，平均质量浓度为 0.667 mg/L，高于 GB 3838—2002 中Ⅱ类水体的 Cr(Ⅵ)限值，平均去除率为 86.46%。

运行第 126～第 156 天，2# 湿地出水 Cr(Ⅵ)质量浓度为 0.009～0.037 mg/L，平均质量浓度为 0.023 mg/L，低于 GB 3838—2002 中Ⅱ类水体的 Cr(Ⅵ)限值，平均去除率为 99.54%；1# 湿地出水 Cr(Ⅵ)质量浓度为 0.411～0.478 mg/L，平均质量浓度 0.445 mg/L，高于 GB 3838—2002 中Ⅱ类水体的 Cr(Ⅵ)限值，平均去除率为 91.10%。

对于两个人工湿地，整个运行过程中，Cr(Ⅵ)的去除率均呈现“高—

低—高”的现象。实验初期李氏禾尚未完全生长，但是去除率仍然较高，说明该阶段基质对 Cr（Ⅵ）的吸附起到主要作用。随着时间推移，基质吸附量逐渐饱和，去除率逐渐降低。经过 60 天，两组实验李氏禾长满整个人工湿地的表面，随着李氏禾的生长，去除率逐渐升高，并在 90 天后逐步趋于稳定。运行稳定后，2# 湿地的出水 Cr（Ⅵ）质量浓度低于 GB 3838—2002 中Ⅱ类水体的 Cr（Ⅵ）限值，说明混合基质李氏禾人工湿地用于处理质量浓度为限值（0.05 mg/L）100 倍的含铬废水是可行的，其平均去除率为 99.54%，比 1# 湿地高 8.44%，说明添加蔗渣炭能有效提高 Cr（Ⅵ）的去除效果。

3.4.1.2　总 Cr 的去除效果

采样检测 Cr（Ⅵ）的同时，测定总 Cr 质量浓度，结果见图 3.8 和图 3.9。

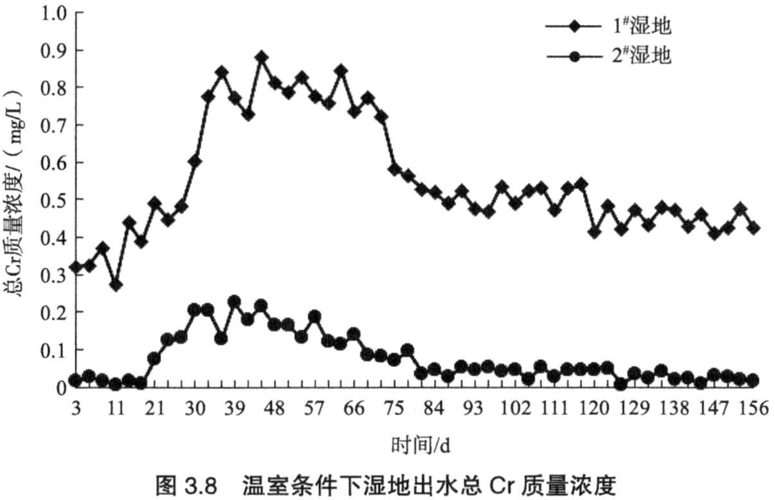

图 3.8　温室条件下湿地出水总 Cr 质量浓度

由图 3.8 和图 3.9 可知，在温室条件下，李氏禾人工湿地运行前 18 天，2# 蔗渣炭混合基质李氏禾人工湿地出水总 Cr 质量浓度为 0.007～0.026 mg/L，平均质量浓度为 0.015 mg/L，平均去除率为 99.706%；1# 沙壤土李氏禾人工湿地出水总 Cr 质量浓度为 0.295～0.476 mg/L，平均质量浓度为 0.386 mg/L，平均去除率为 92.28%。

运行第 19～第 90 天，2# 湿地出水总 Cr 质量浓度为 0.027～0.225 mg/L，平均质量浓度为 0.125 mg/L，平均去除率为 97.50%；1# 湿地出水总 Cr 浓度为

0.395～0.876 mg/L，平均质量浓度为 0.634 mg/L，平均去除率为 85.08%。

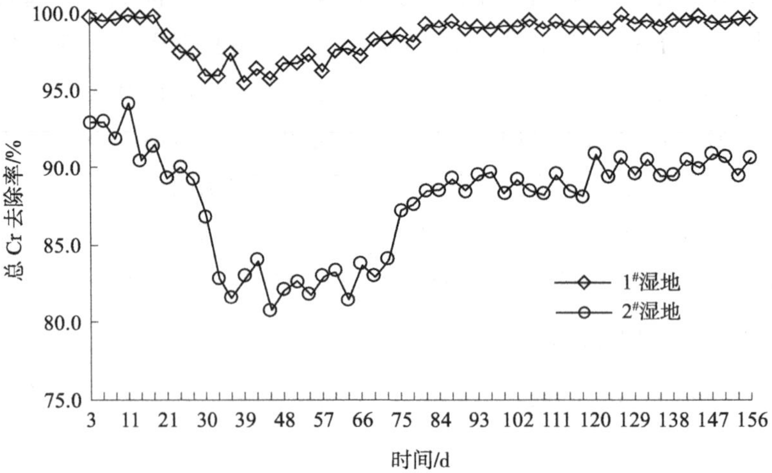

图 3.9　温室条件下湿地出水总 Cr 去除率

运行第 126～第 156 天，2# 湿地出水总 Cr 质量浓度为 0.007～0.042 mg/L，平均质量浓度为 0.024 mg/L，平均去除率为 99.52%；1# 湿地出水总 Cr 质量浓度为 0.456～0.528 mg/L，平均质量浓度为 0.494 mg/L，平均去除率为 90.12%。

整个运行过程中，总 Cr 去除率的变化趋势与 Cr(Ⅵ)的去除率相近。运行稳定期，2# 湿地的出水总 Cr 平均去除率为 99.52%，比 1# 湿地提高 9.40%，说明添加蔗渣炭能有效提高 Cr(Ⅵ)的去除效果。2# 和 1# 湿地出水中 Cr(Ⅵ)分别占其总 Cr 的 95.83% 和 90.08%，说明人工湿地出水中的 Cr 主要为 Cr(Ⅵ)。

3.4.2　温室条件下的净化潜能

温室条件下，Cr(Ⅵ)达到标准限值的 100 倍（5.00 mg/L）时，2# 蔗渣碳混合基质李氏禾人工湿地出水 Cr(Ⅵ)浓度远低于 GB 3838—2002 中Ⅱ类水体 Cr(Ⅵ)的标准限值，说明经净化后的 Cr(Ⅵ)浓度低于其标准限值。因此，提高了进水 Cr(Ⅵ)质量浓度，以评价该人工湿地在温室条件下对 Cr(Ⅵ)的净化潜能，运行结果见图 3.10～图 3.13。

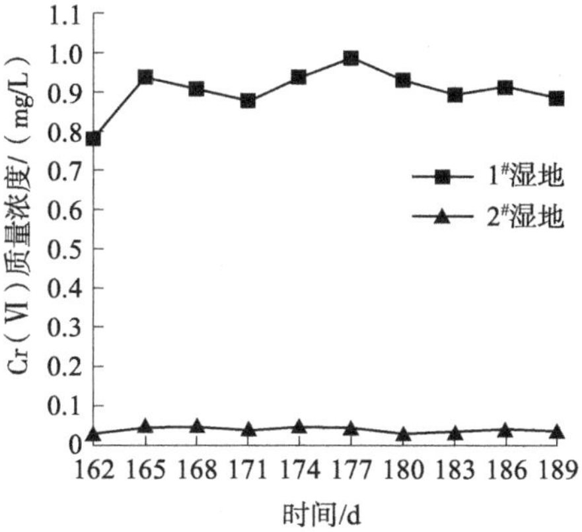

图 3.10　进水质量浓度为 7.50 mg/L 时出水 Cr（Ⅵ）质量浓度

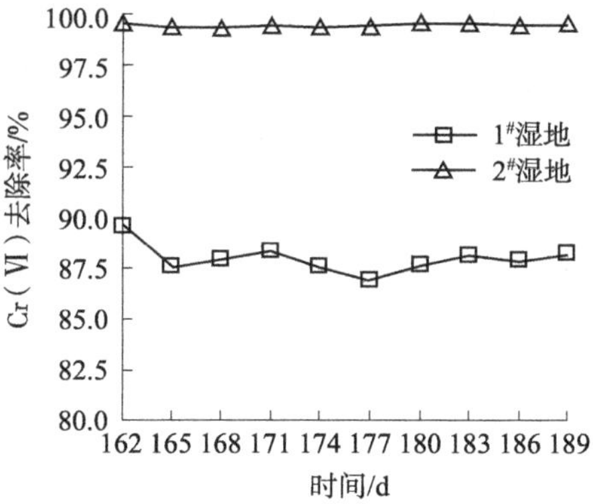

图 3.11　进水质量浓度为 7.50 mg/L 时出水 Cr（Ⅵ）去除率

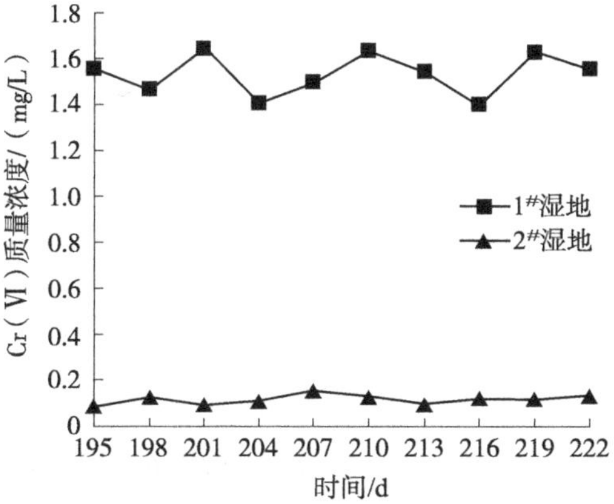

图 3.12　进水质量浓度为 10.00 mg/L 时出水 Cr（Ⅵ）质量浓度

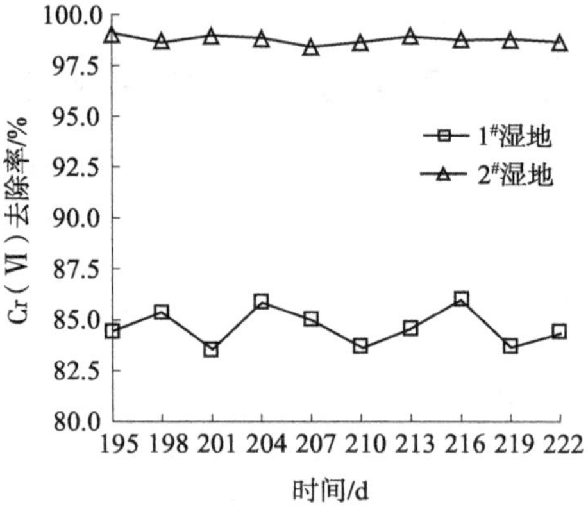

图 3.13　进水质量浓度为 10.00 mg/L 时出水 Cr(Ⅵ)去除率

由图 3.10 和图 3.11 可知，当进水 Cr(Ⅵ)质量浓度为 7.50 mg/L 时，1# 沙壤土李氏禾人工湿地出水 Cr(Ⅵ)质量浓度为 0.778～0.983 mg/L，平均质量浓度为 0.902 mg/L，高于 GB 3838—2002 中Ⅱ类水体的 Cr(Ⅵ)限值（0.05 mg/L），平均去除率为 87.97%。2# 蔗渣炭混合基质李氏禾人工湿地出水 Cr(Ⅵ)质量浓度为 0.029～0.049 mg/L，平均质量浓度为 0.039mg/L，低于 GB 3838—2002 中Ⅱ类水体的 Cr(Ⅵ)限值，平均去除率为 99.48%。

由图 3.12 和图 3.13 可知，当进水 Cr(Ⅵ)质量浓度为 10.00 mg/L 时，1# 湿地出水 Cr(Ⅵ)质量浓度为 1.339～1.644 mg/L，平均质量浓度为 1.535 mg/L，高于 GB 3838—2002 中Ⅱ类水体的 Cr(Ⅵ)限值，平均去除率为 84.65%。2# 湿地出水 Cr(Ⅵ)质量浓度为 0.088～0.154 mg/L，平均质量浓度为 0.118 mg/L，平均去除率为 98.43%。

在温室条件下，对于 1# 沙壤土李氏禾人工湿地，当进水 Cr(Ⅵ)质量浓度是其标准限值的 150 倍（7.50 mg/L）和 200 倍（10.00 mg/L）时，出水 Cr(Ⅵ)质量浓度均不能达标。对于 2# 蔗渣炭混合基质李氏禾人工湿地，当进水 Cr(Ⅵ)质量浓度是其标准限值的 150 倍（7.50 mg/L）时，出水 Cr(Ⅵ)质量浓度可以达到 GB 3838—2002 中Ⅱ类水体的标准；当进水 Cr(Ⅵ)质量浓度是其标准限值的 200 倍（10.00 mg/L）时，出水 Cr(Ⅵ)质量浓度已经不能达标，但仍然表现出很强的净化能力，去除率达到 98.43%，说明混合蔗渣炭基质李氏禾人工湿地在温室条件下，比单一沙壤土基质李氏禾人工湿地表现出更好的净化潜能。

3.4.3　温度变化对去除效果的影响

蔗渣炭混合基质李氏禾人工湿地在温室条件下对 Cr(Ⅵ)污染水体具有很强的净化能力，在 Cr(Ⅵ)浓度是其标准限值 150 倍的情况下其出水可满足 GB 3838—2002 中Ⅱ类水体要求。但是人工湿地的实际推广应用，必须考虑季节变化带来的影响，因此，评价在冬季气候条件下李氏禾人工湿地对 Cr(Ⅵ)污染水体的净化效果具有重要的意义。调整温度后，待李氏禾枯萎，剪除湿地地上部分的李氏禾后，继续输入含 Cr(Ⅵ)废水进行实验，运行结果见图 3.14 和图 3.15。

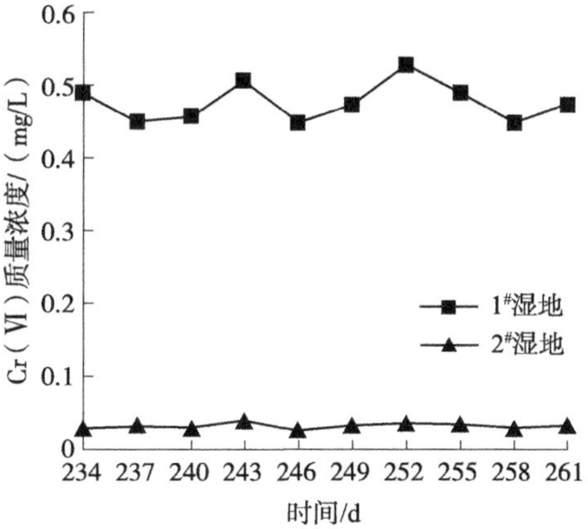

图 3.14　冬季气候条件下进水质量浓度为 5.00 mg/L 时出水 Cr(Ⅵ)质量浓度

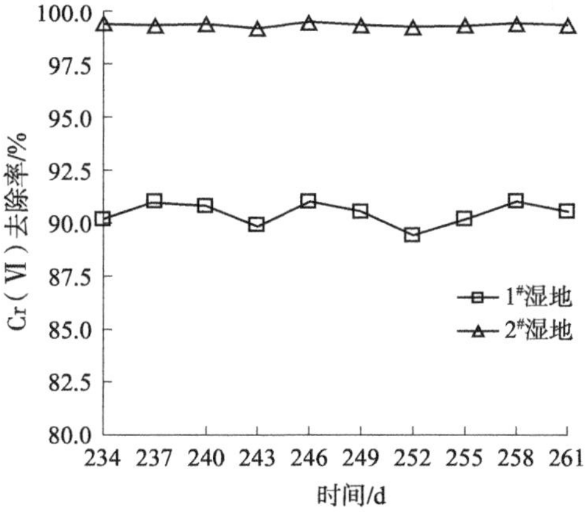

图 3.15　冬季气候条件下进水质量浓度为 5.00 mg/L 时出水 Cr(Ⅵ)去除率

由图 3.14 和图 3.15 可知，当进水 Cr（Ⅵ）质量浓度为 5.00 mg/L 时，2# 湿地出水 Cr（Ⅵ）质量浓度为 0.026～0.040 mg/L，平均质量浓度为 0.032 mg/L，低于 GB 3838—2002 中Ⅱ类水体的 Cr（Ⅵ）限值（0.05 mg/L），平均去除率为 99.36%；1# 湿地出水 Cr（Ⅵ）质量浓度为 0.450～0.528 mg/L，平均质量浓度为 0.476 mg/L，高于 GB 3838—2002 中Ⅱ类水体的 Cr（Ⅵ）限值，平均去除率为 90.48%。这说明在冬季气候条件下，李氏禾枯萎后，两种基质的李氏禾人工湿地仍然具有较强的净化能力，当净化 Cr（Ⅵ）浓度是其标准限值 100 倍（5.00 mg/L）时，2# 湿地出水 Cr（Ⅵ）浓度是可以达标的。

3.4.4 冬季气候条件下的净化潜能

在 Cr（Ⅵ）浓度是其标准限值的 150 倍（7.50 mg/L）时，冬季气候条件下李氏禾人工湿地出水 Cr（Ⅵ）质量浓度远低于 GB 3838—2002 中Ⅱ类水体的 Cr（Ⅵ）限值，说明在冬季条件下，李氏禾人工湿地对 Cr（Ⅵ）污染水体的净化能力应高于此水平。因此，提高了进水 Cr（Ⅵ）质量浓度，以评价该人工湿地在冬季气候条件下对 Cr（Ⅵ）的净化潜能。运行结果见图 3.16～图 3.19。

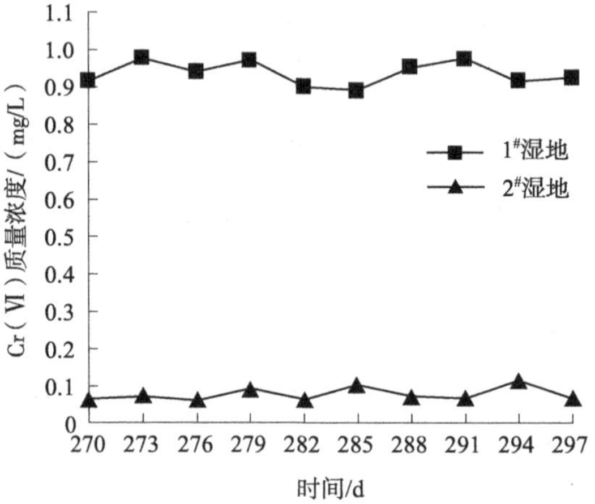

图 3.16 冬季气候条件下进水质量浓度为 7.50 mg/L 时出水 Cr（Ⅵ）质量浓度

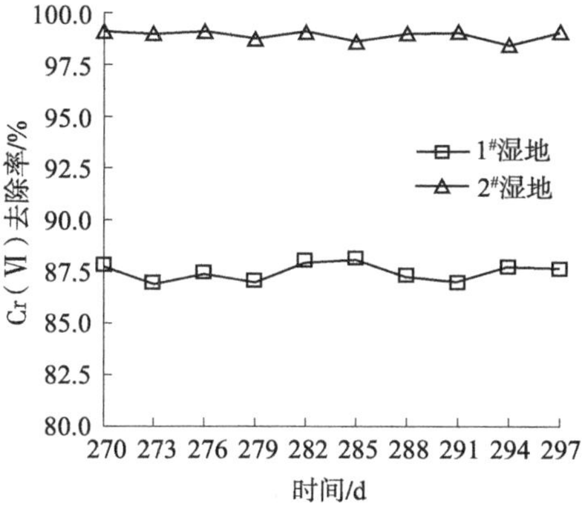

图 3.17　冬季气候条件下进水质量浓度为 7.50 mg/L 时出水 Cr（Ⅵ）去除率

由图 3.16 和图 3.17 可知，当进水 Cr（Ⅵ）质量浓度为 7.50 mg/L 时，2# 蔗渣炭混合基质李氏禾人工湿地出水 Cr（Ⅵ）质量浓度为 0.061～0.115 mg/L，平均质量浓度为 0.078 mg/L，高于 GB 3838—2002 中Ⅱ类水体的 Cr（Ⅵ）限值（0.05 mg/L），平均去除率为 98.96%；1# 沙壤土李氏禾人工湿地出水 Cr（Ⅵ）质量浓度为 0.891～0.977 mg/L，平均质量浓度为 0.937 mg/L，高于 GB 3838—2002 中Ⅱ类水体的 Cr（Ⅵ）限值，平均去除率为 87.51%。

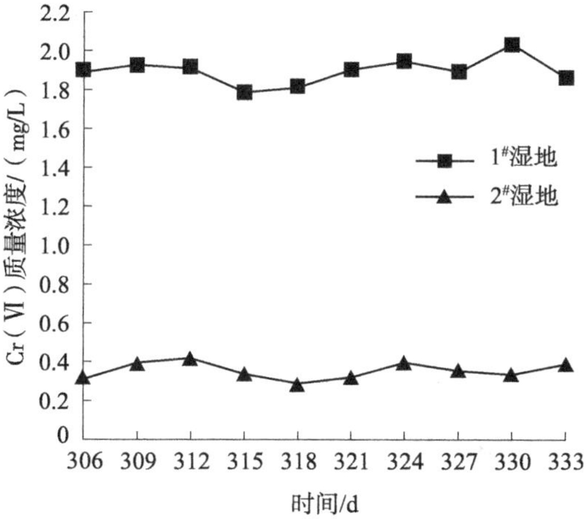

图 3.18　冬季气候条件下进水质量浓度为 10.00 mg/L 时出水 Cr（Ⅵ）质量浓度

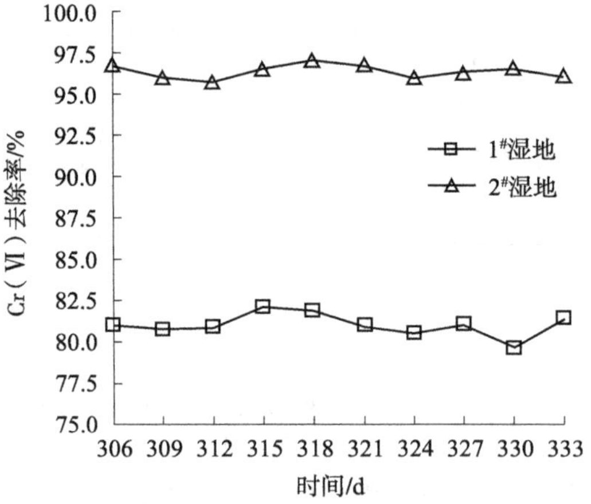

图 3.19　冬季气候条件下进水质量浓度为 10.00 mg/L 时出水 Cr(Ⅵ)去除率

由图 3.18 和图 3.19 可知，当进水 Cr(Ⅵ)质量浓度为 10.00 mg/L 时，2# 湿地出水 Cr(Ⅵ)质量浓度为 0.288～0.424 mg/L，平均质量浓度为 0.360 mg/L，平均去除率为 96.40%；1# 湿地出水 Cr(Ⅵ)质量浓度为 1.788～2.035 mg/L，平均质量浓度为 1.899 mg/L，平均去除率为 81.01%。

在冬季气候条件下，对于蔗渣炭混合基质李氏禾人工湿地，当进水 Cr(Ⅵ)质量浓度是其标准限值的 150 倍（7.50 mg/L）和 200 倍（10.00 mg/L）时，出水 Cr(Ⅵ)质量浓度出水已经不能达到 GB 3838—2002 中 Ⅱ 类水体的标准要求，但仍然表现出较强的净化能力，去除率分别达到 98.96% 和 96.40%。对于沙壤土李氏禾人工湿地，当进水 Cr(Ⅵ)质量浓度是其标准限值的 150 倍（7.50 mg/L）和 200 倍（10.00 mg/L）时，出水 Cr(Ⅵ)质量浓度均也不能达标，去除率分别只有 87.51% 和 81.01%。说明蔗渣炭混合基质李氏禾人工湿地在冬季气候条件下，同样比单一沙壤土基质李氏禾人工湿地表现出更好的净化潜能。

3.4.5　湿地系统的净化能力分析

两组不同基质的人工湿地在不同温度环境和不同进水质量浓度条件下，出水的 Cr(Ⅵ)质量浓度和去除率见表 3.3。

无论是在温室条件下还是冬季气候条件下，蔗渣炭混合基质李氏禾人工湿地的出水 Cr（Ⅵ）质量浓度均低于单一沙壤土基质李氏禾人工湿地，去除效率更高。例如，在进水质量浓度为 7.50 mg/L 时，沙壤土基质的湿地出水中 Cr（Ⅵ）质量浓度约是蔗渣炭混合基质湿地出水 Cr（Ⅵ）质量浓度的 23 倍，这表明，添加了蔗渣炭显著提高了李氏禾人工湿地对 Cr（Ⅵ）的净化能力。

表 3.3　温室和冬季气候条件下不同基质湿地对 Cr（Ⅵ）的去除效果

湿地	进水质量浓度 /（mg/L）	温室条件		冬季气候条件	
		出水质量浓度 /（mg/L）	去除率 /%	出水质量浓度 /（mg/L）	去除率 /%
1# 湿地	5.00	0.445	91.10	0.476	90.48
	7.50	0.902	87.97	0.937	87.51
	10.00	1.535	84.65	1.899	81.01
2# 湿地	5.00	0.023	99.54	0.032	99.36
	7.50	0.039	99.48	0.078	98.96
	10.00	0.118	98.43	0.360	96.40

3.5　讨论

在温室条件下，1# 沙壤土李氏禾人工湿地在进水 Cr（Ⅵ）质量浓度是其标准限值的 100 倍（5.00 mg/L）、150 倍（7.50 mg/L）和 200 倍（10.00 mg/L）时，出水 Cr（Ⅵ）质量浓度分别为 0.445 mg/L、0.902 mg/L 和 1.535 mg/L，不能达到 GB 3838—2002 中Ⅱ类水体标准。2# 蔗渣炭混合基质李氏禾人工湿地在进水 Cr（Ⅵ）质量浓度是其标准限值的 100 倍（5.00 mg/L）和 150 倍（7.50 mg/L）时，出水 Cr（Ⅵ）质量浓度分别为 0.023 mg/L 和 0.039 mg/L，达到 GB 3838—2002 中Ⅱ类水体标准；在进水 Cr（Ⅵ）质量浓度是其标准限值的 200 倍（10.00 mg/L）时，出水 Cr（Ⅵ）质量浓度 0.118 mg/L，已经超标，但去除率仍然在 98% 以上，表现出较强的净化性能。

已有研究表明，采用芦苇和美人蕉间隔种植的人工湿地净化 Cr（Ⅵ）初始质量浓度为 2.64 mg/L 的酸性废水时，Cr(Ⅵ)去除率为 77.5%(孙和和等，2008)；以美人蕉（*C. indica*）为湿地植物构建的垂直流人工湿地对 Cr(Ⅵ)的去除率为 84.6%(Marchand et al., 2010)；采用自由表面流人工湿地处理含 Cr(Ⅵ)的重金属废水，Cr(Ⅵ)去除率为 89%(Hans, 1994)；以凤眼莲（*E. crassipes*）、长苞香蒲（*T. domingensis*）和梭鱼草（*P. cordata*）作为混合植物构建的自由表面流人工湿地对 Cr(Ⅵ)的去除率为 49%～81%(Maine et al., 2007)；以槐叶萍（*S. herzogii*）、大薸（*P. stratiotes*）、凤眼莲（*E. crassipes*）、长苞香蒲（*T. domingensis*）和龟甲龙（*P. elephantipes*）作为混合植物构建的自由表面流人工湿地对 Cr(Ⅵ)的去除率为 82%(Hadad et al., 2006)；而以芦苇（*P. australis*）构建的表面流人工湿地对 Cr(Ⅵ)的去除率仅为 67%(Fibbi et al., 2011)，以长苞香蒲（*T. augustata*）构建的自由表面流人工湿地对 Cr(Ⅵ)的去除率仅为 35.9%～57.6%(Chandra et al., 2008)。本书中，混合基质李氏禾人工湿地在进水 Cr(Ⅵ)质量浓度不大于其标准限值 150 倍的情况下，其出水 Cr(Ⅵ)质量浓度能达到 GB 3838—2002 中Ⅱ类水体标准，且去除率能达到 98% 以上，对比以往的研究结果，混合基质李氏禾人工湿地在净化含 Cr(Ⅵ)废水方面具有显著优势。

在广西桂林冬季气候条件下，1# 沙壤土李氏禾人工湿地在进水 Cr(Ⅵ)质量浓度是其标准限值的 100 倍（5.00 mg/L）、150 倍（7.50 mg/L）和 200 倍（10.00 mg/L）时，出水 Cr(Ⅵ)质量浓度分别为 0.476 mg/L、0.937 mg/L 和 1.899 mg/L，不能达到 GB 3838—2002 中Ⅱ类水体标准。2# 混合基质李氏禾人工湿地在进水 Cr(Ⅵ)质量浓度是其标准限值的 100 倍（5.00 mg/L）时，出水 Cr(Ⅵ)质量浓度为 0.032 mg/L，达到 GB 3838—2002 中Ⅱ类水体标准；在进水 Cr(Ⅵ)质量浓度是其标准限值的 150 倍（7.50 mg/L）和 200 倍（10.00 mg/L）时，出水 Cr(Ⅵ)质量浓度分别为 0.078 mg/L 和 0.360 mg/L，已经超标，但去除率保持在 96% 以上，仍然具有较高的去除率。

这表明季节温度的变化和湿地地上部分李氏禾的枯萎凋落，对混合基质李氏禾人工湿地系统净化 Cr(Ⅵ)污染水体的效果并无显著影响。李氏禾人工湿地对 Cr(Ⅵ)的去除主要是通过湿地地下部分的作用，体现在基质、李氏禾的根部及微生物的共同协调作用。在冬季气候条件下，植物的地上部分发生死亡，但其根系附近的各类微生物的数量基本能保持在较高水平（Smith et al.，1997；Wittgren et al.，1997），低温条件下，一些耐低温的微生物活性却得到增强（Jenssen et al.，1993）。基质对 Cr（Ⅵ）的吸附和李氏禾根部对 Cr（Ⅵ）的吸收并不受季节温度的影响，这保证了李氏禾人工湿地在冬季气候条件下对 Cr（Ⅵ）依然具有很高的净化能力，可见，利用李氏禾人工湿地来净化 Cr（Ⅵ）污染水体技术上是可行的。

3.6　本章小结

（1）在温室条件下，1# 沙壤土李氏禾人工湿地在进水 Cr（Ⅵ）质量浓度为 5.00 mg/L、7.50 mg/L 和 10.00 mg/L 时，出水 Cr（Ⅵ）质量浓度分别为 0.445 mg/L、0.902 mg/L 和 1.535 mg/L，不能达到 GB 3838—2002 中Ⅱ类水体标准。2# 蔗渣炭混合基质李氏禾人工湿地在进水 Cr（Ⅵ）质量浓度分别为 5.00 mg/L 和 7.50 mg/L 时，出水 Cr（Ⅵ）质量浓度分别为 0.023 mg/L 和 0.039 mg/L，达到 GB 3838—2002 中Ⅱ类水体标准；在进水 Cr（Ⅵ）质量浓度是其标准限值的 200 倍（10.0 mg/L）时，出水 Cr（Ⅵ）质量浓度为 0.118 mg/L，已经超标，但去除率仍在 98% 以上，表现出较强的净化性能。混合基质李氏禾人工湿地在温室条件下，比单一沙壤土基质李氏禾人工湿地表现出更好的净化能力。

（2）在冬季气候条件下，1# 沙壤土李氏禾人工湿地在进水 Cr（Ⅵ）质量浓度分别为 5.00 mg/L、7.50 mg/L 和 10.00mg/L 时，出水 Cr（Ⅵ）质量浓度分别为 0.476 mg/L、0.937 mg/L 和 1.899 mg/L，不能达到 GB 3838—2002 中Ⅱ类水体标准。2# 蔗渣炭混合基质李氏禾人工湿地在进水 Cr（Ⅵ）质量浓度为 5.00 mg/L，出水 Cr（Ⅵ）质量浓度为 0.032 mg/L，达到 GB 3838—2002 中Ⅱ类水体标准；在进水 Cr（Ⅵ）质量浓度是其标准限值的 150 倍（7.50 mg/L）和 200 倍（10.00 mg/L）时，出水 Cr（Ⅵ）质量浓度分别为 0.078 mg/L 和 0.360 mg/L，去除率保持在 96% 以上。混合基质李氏禾人工湿地在冬季气候条件下仍然具有很高的净化能力，同样比单一沙壤土基质李氏禾人工湿地表现出更好的净化能力。

第4章　李氏禾和蔗渣炭在人工湿地系统中的作用

4.1　引言

人工湿地系统在去除 Cr(Ⅵ)的过程中，由基质、植物和微生物的互相协调作用而达到高效净化。一些研究（孙琴等，2005；格鲁德娃等，2001；王保军等，1996）表明，基质中有些微生物能直接参与对重金属的转化，其代谢产物既能和重金属发生络合作用和螯合作用，又能增加基质中有机质含量。植物的存在又会影响有机质含量和微生物数量（吴振斌等，2001a；Darrah，1991）。有研究（Ansola et al.，2003；Mays et al.，2001）发现，有植物的湿地对重金属去除能力高于无植物的湿地。然而，这些研究结果的得出仅仅只涉及植物直接对重金属的吸收作用，却很少研究植物对基质中有机质含量和微生物数量的影响。

生物质炭在农业领域施用于土壤，对改善土壤性质、提高农作物产量有较好的效果，相关研究主要集中在生物质炭对土壤的改良上。人工湿地的基质是影响其污染物去除效果的重要因素之一，基质不仅可以吸附污染物，也可以给植物的生长提供养分、为微生物的生长提供场所。基质的选择是人工湿地处理的关键技术之一，将蔗渣炭应用于人工湿地基质的改良尚未见报道。

本章以相同设计的无植物人工湿地作为对照，与沙壤土李氏禾人工湿地、蔗渣炭混合基质李氏禾人工湿地进行对比研究，分析不同基质人工湿地的出水水质及基质中有机质含量和微生物数量变化，以探讨李氏禾和蔗渣炭对湿地系统净化 Cr(Ⅵ)功能的影响。

4.2　实验材料

构建两个与“3.2.1　湿地装置”相同结构参数的无植物人工湿地作为对照：

（1）3# 湿地为沙壤土湿地（对照，无李氏禾）

采用与 1# 湿地相同基质，为单一沙壤土基质，见图 4.1。

（2）4# 湿地为蔗渣炭混合基质湿地（对照，无李氏禾）

采用 2# 湿地相同的基质，为蔗渣炭与以沙壤土 5∶95 的质量比混合而成见图 4.2。

图 4.1　3# 湿地沙壤土湿地（对照）

图 4.2　4# 湿地蔗渣炭混合基质湿地（对照）

4.3　实验方法

4.3.1　实验设计

无植物的对照湿地与 1#、2# 湿地同时启动运行，采用相同的运行参数，同时对出水进行采样检测。分析在温室条件下，进水 Cr(Ⅵ)质量浓度为 5.00 mg/L 时，4 组湿地系统稳定运行期（第 126～第 156 天）的出水 Cr(Ⅵ) 质量浓度、总 Cr 质量浓度和去除率的差异。

温室条件实验结束时，立即分别对 4 组湿地的基质进行采样，采用梅花形布点法将取样器垂直插入基质中，保持每个取样点的取土深度和取样量一致，清除采集到的植物根系，基质的取样总量约 1.0 kg。基质样品一部分置于烘箱 105℃烘干至恒重，研磨过 100 目筛后，分别测定有机质含量；另一部分自然风干后，分别测定微生物数量。通过数据统计，分析对比 4 组湿地中有机质含量和微生物数量的差异，从而探讨李氏禾植物和蔗渣炭在湿地系统中所起的作用。

4.3.2 测试方法

4.3.2.1 出水水质

Cr(Ⅵ)：采用《水质　六价铬的测定　二苯碳酰二肼分光光度法》（GB 7467—1987）的方法测定。

总 Cr：采用《水质　总铬的测定》（GB 7466—1987）的方法测定。

4.3.2.2 基质中有机质含量

采用《土壤检测　第 6 部分：土壤有机质的测定》（NY/T 1121.6—2006）的方法进行检测。

4.3.2.3 基质中微生物数量

微生物菌落数（CFU）：采用平板计数法测定微生物菌落数。取试样 10 g 放置在装有 10 mL 生理盐水（0.85% *W*/*V* NaCl）的无菌试管中，于室温下在磁力搅拌器上搅拌 1 min，连续稀释样品，稀释后取 0.1 mL 稀释液分别放入已注入 20 mL 灭菌过的细菌培养基（表 4.1）、真菌培养基（表 4.2）和放线菌培养基（表 4.3）的培养皿中，立即混合均匀，静置凝固后，倒置放于 25℃培养箱中培养一定时间（细菌 4 天、真菌 5 天、放线菌 8 天）后，统计菌落数。

表 4.1　牛肉膏蛋白胨琼脂培养基配方

牛肉膏	蛋白胨	NaCl	琼脂	水	pH
3g	10g	5g	15～20 g	1 000 mL	7.5

表 4.2　马丁氏培养基配方

K_2HPO_4	$MgSO_4 \cdot 7H_2O$	蛋白胨	琼脂	水	pH
1 g	0.5 g	5 g	15.0～20.0 g	1 000 mL	自然

表 4.3　高氏一号培养基配方

淀粉	KNO_3	NaCl	$K_2HPO_4 \cdot 3H_2O$	$MgSO_4 \cdot 7H_2O$	$FeSO_4 \cdot 7H_2O$	琼脂	水	pH
20 g	1 g	0.5 g	0.5 g	0.5 g	0.01 g	15～20 g	1 L	7.5

4.3.3　实验仪器

紫外 - 可见分光光度计，UV-9600 型，北京瑞利分析仪器公司；原子吸收分光光度计，AA-700 型，美国铂金埃尔默仪器有限公司；水浴恒温振荡器，SHZ-B 型，上海博迅实业有限公司医疗设备厂；生化培养箱，PX-250B-Z 型，上海博讯实业有限公司；立式压力蒸汽灭菌器，YXQ-LS-70A 型，上海博讯实业有限公司；平板菌落计数器，XK97-B 型，北京亚力恩机电技术研究所。

4.3.4　数据处理

设置 3 个平行样，取平均值 ± 标准差作为实验结果。采用软件 Microsoft Office Excel 2003 制图，采用统计软件 SPSS18.0 处理数据。

4.4 实验结果

4.4.1 李氏禾对湿地系统去除 Cr（Ⅵ）效果的影响

4.4.1.1 沙壤土基质李氏禾人工湿地与对照组的比较

温室条件下，在进水 Cr（Ⅵ）质量浓度为 5.00 mg/L 的条件下，湿地系统稳定运行期（第 126～第 156 天），1# 和 3# 对照湿地出水 Cr（Ⅵ）质量浓度、总 Cr 质量浓度和去除率的结果见图 4.3～图 4.6。

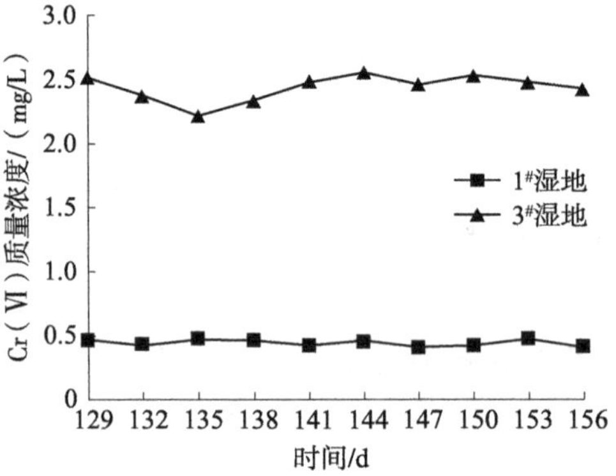

图 4.3 沙壤土基质李氏禾人工湿地与对照组的出水 Cr（Ⅵ）质量浓度

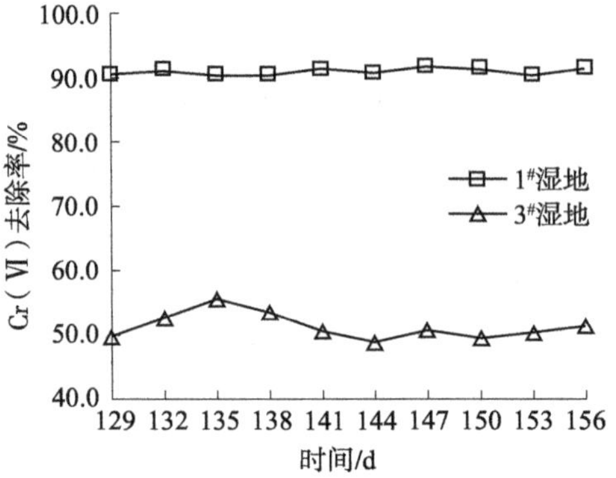

图 4.4 沙壤土基质李氏禾人工湿地与对照组的 Cr（Ⅵ）去除率

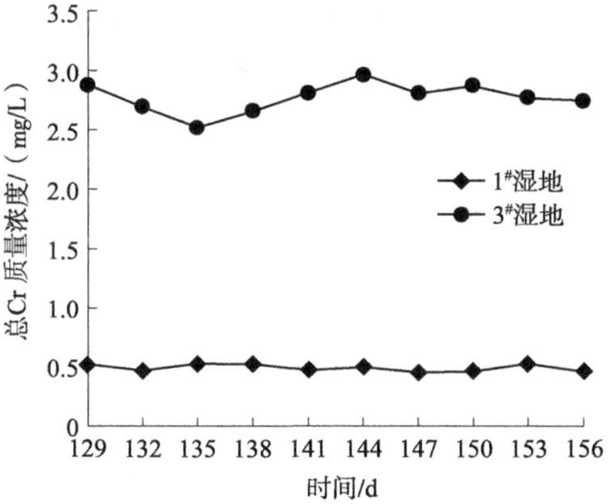

图 4.5　沙壤土基质李氏禾人工湿地与对照组的出水总 Cr 质量浓度

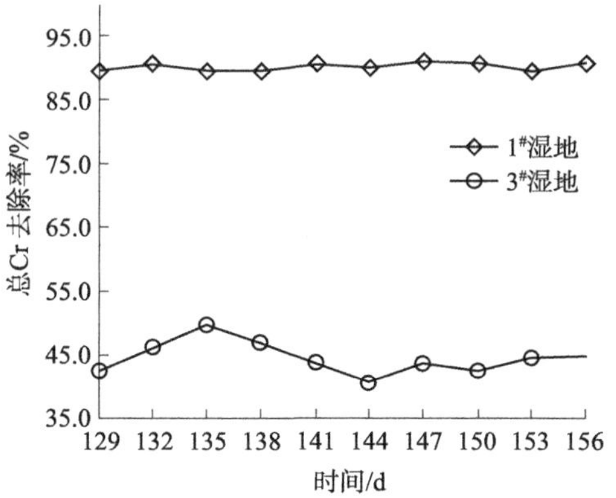

图 4.6　沙壤土基质李氏禾人工湿地与对照组出水的总 Cr 去除率

由图 4.3～图 4.6 可知，当进水 Cr(Ⅵ)质量浓度为 5.00 mg/L 时，1# 沙壤土基质李氏禾人工湿地出水 Cr(Ⅵ)质量浓度为 0.411～0.483 mg/L，平均质量浓度为 0.448 mg/L，低于 GB 3838—2002 中Ⅱ类水体标准限值，平均去除率为 91.04%；出水总 Cr 质量浓度为 0.456～0.528 mg/L，平均质量浓度为 0.484 mg/L，平均去除率为 90.11%。无植物的对照湿地出水 Cr(Ⅵ)质量浓度为 2.221～2.562 mg/L，平均质量浓度为 2.439 mg/L，去除率为 51.22%；出水总 Cr 质量浓度为 2.518～2.968 mg/L，平均质量浓度为 2.773 mg/L，去除率为 44.55 %。

沙壤土基质李氏禾人工湿地出水中 Cr(Ⅵ)质量浓度和总 Cr 质量浓度去

除率，分别比无植物的对照湿地高出 39.82% 和 45.56%，去除效果显著好于无植物的对照湿地，这表明种植李氏禾显著提高了湿地系统对 Cr（Ⅵ）的净化能力。

4.4.1.2 蔗渣炭混合基质李氏禾人工湿地与对照组的比较

温室条件下，进水 Cr（Ⅵ）质量浓度为 5.00 mg/L 时，湿地系统稳定运行期（第 126～第 156 天），2[#] 和 4[#] 对照湿地出水 Cr（Ⅵ）质量浓度、总 Cr 质量浓度和去除率见图 4.7～图 4.10。

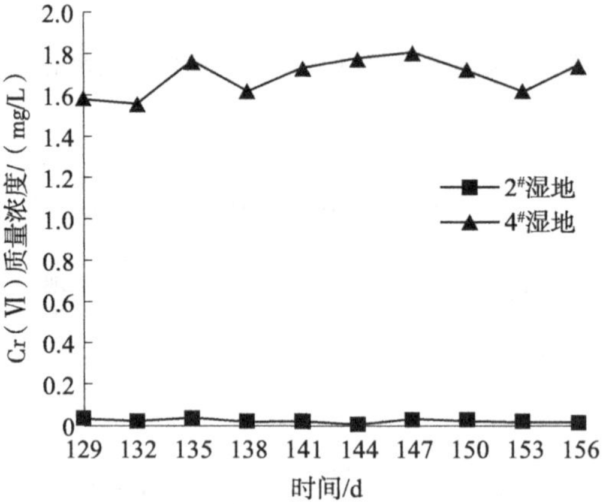

图 4.7 蔗渣炭混合基质李氏禾人工湿地与对照组的出水 Cr（Ⅵ）质量浓度

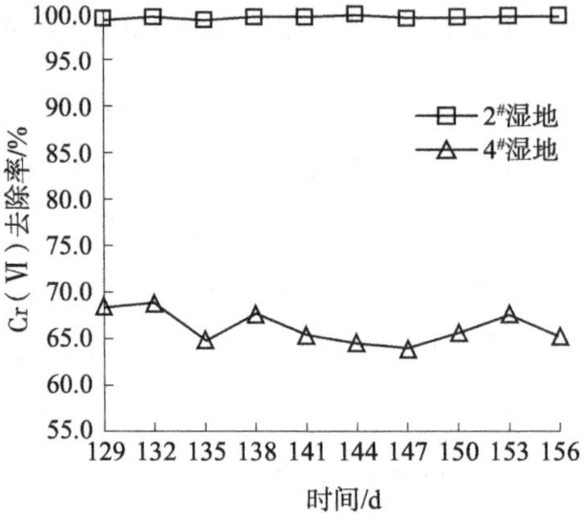

图 4.8 蔗渣炭混合基质李氏禾人工湿地与对照组的出水 Cr（Ⅵ）去除率

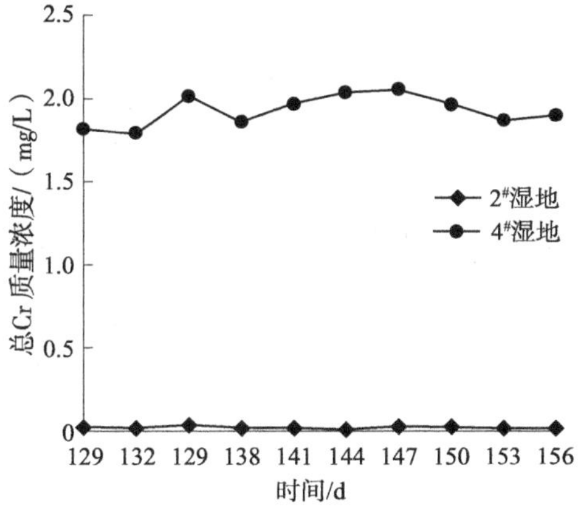

图 4.9　蔗渣炭混合基质李氏禾人工湿地与对照组的出水总 Cr 质量浓度

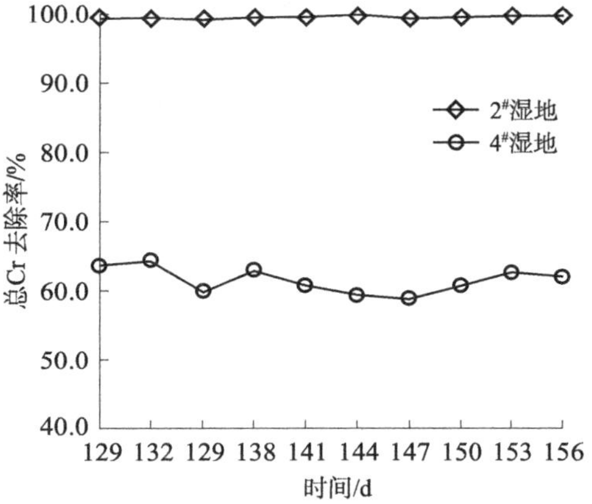

图 4.10　蔗渣炭混合基质李氏禾人工湿地与对照组的出水总 Cr 去除率

由图 4.7～图 4.10 可知，当进水 Cr（Ⅵ）质量浓度为 5.00 mg/L 时，2# 蔗渣炭混合基质李氏禾人工湿地出水 Cr（Ⅵ）质量浓度为 0.009～0.037 mg/L，平均质量浓度为 0.023 mg/L，低于 GB 3838—2002 中Ⅱ类标准限值，平均去除率为 99.54%；出水总 Cr 质量浓度为 0.010～0.042 mg/L，平均质量浓度为 0.025 mg/L，平均去除率为 99.50%。无植物的对照湿地出水 Cr（Ⅵ）质量浓度为 1.561～1.806 mg/L，平均质量浓度为 1.693 mg/L，去除率为 66.15%；出水总 Cr 质量浓度为 1.788～2.056 mg/L，平均质量浓度为 1.927 mg/L，去除率为 61.45%。

蔗渣炭混合基质李氏禾人工湿地出水中 Cr(Ⅵ) 和总 Cr 质量浓度去除率分别比无植物的对照湿地高出 33.39% 和 38.05%，去除效果显著好于无植物的对照湿地，这也表明种植李氏禾显著提高了湿地系统对 Cr(Ⅵ) 的净化能力。

4.4.2 蔗渣炭对湿地系统去除 Cr(Ⅵ) 效果的影响

为评价蔗渣炭对湿地系统的影响，将 1# 蔗渣炭混合基质李氏禾人工湿地与 2# 沙壤土基质李氏禾人工湿地出水 Cr(Ⅵ) 质量浓度、总 Cr 质量浓度和去除率进行比较，见图 4.11～图 4.14。

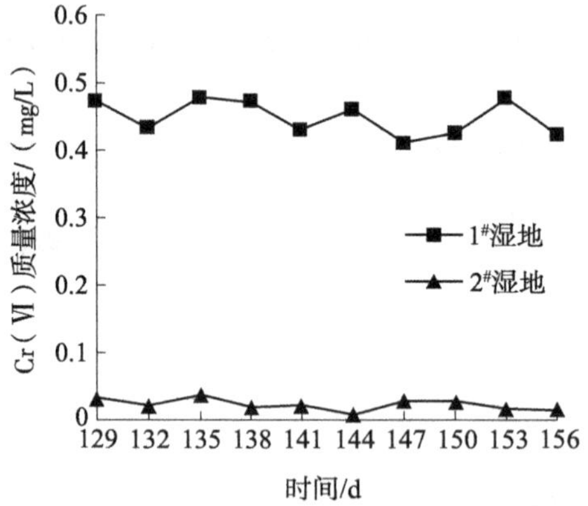

图 4.11 1# 湿地和 2# 湿地出水 Cr(Ⅵ) 质量浓度

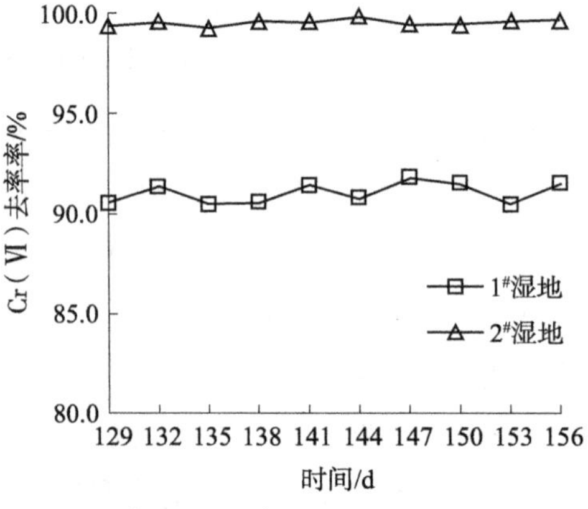

图 4.12 1# 湿地和 2# 湿地出水 Cr(Ⅵ) 去除率

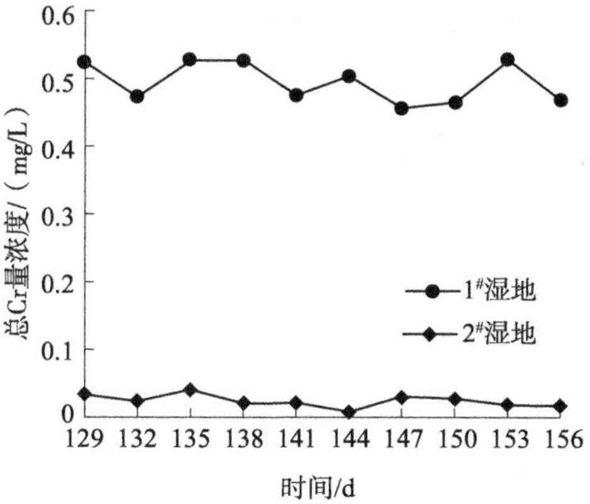

图 4.13　1# 湿地和 2# 湿地出水的总 Cr 质量浓度

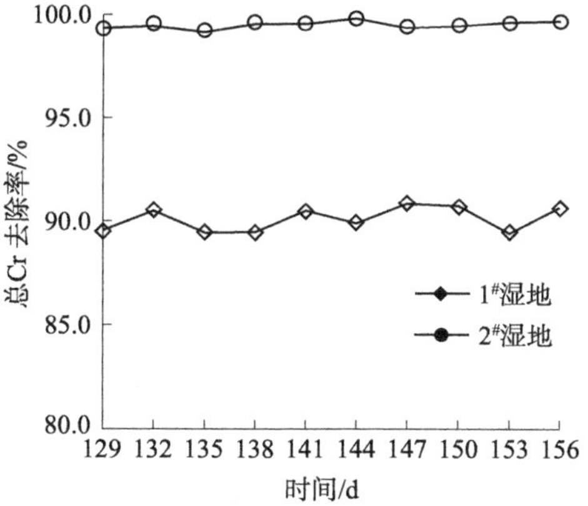

图 4.14　1# 湿地和 2# 湿地出水的总 Cr 去除率

由图 4.11～图 4.14 可知，当进水 Cr(Ⅵ)质量浓度为 5.00 mg/L 时，添加 5% 蔗渣炭的李氏禾人工湿地的出水 Cr(Ⅵ)平均质量浓度比未添加的湿地低 0.425 mg/L，去除率提高 8.50%；出水总 Cr 平均质量浓度比未添加的低 0.459 mg/L，去除率提高 9.39%。可见，添加蔗渣炭的李氏禾人工湿地对 Cr(Ⅵ)和总 Cr 的去除效果明显好于无植物的对照湿地，表明添加蔗渣炭提高了湿地系统对 Cr(Ⅵ)的净化能力。

4.4.3 李氏禾和蔗渣炭对基质中有机质含量的影响

为评价不同湿地基质中有机质含量的变化，对 1#～4# 湿地运行前后基质中有机质的含量进行测定，结果见表 4.4。

表 4.4 4 组湿地基质中有机质含量

湿地编号	湿地名称	有机质含量 /（g/kg）	
		运行前	运行后
1#	沙壤土基质李氏禾人工湿地	62.40 ± 2.60	59.91 ± 2.70
2#	蔗渣炭混合基质李氏禾人工湿地	96.54 ± 4.30	90.63 ± 3.50
3#	沙壤土基质湿地（对照）	56.50 ± 2.90	26.84 ± 3.20
4#	蔗渣炭混合基质湿地（对照）	105.12 ± 4.50	57.40 ± 2.20

从表 4.4 可以看出，无植物的 3# 对照湿地基质中的有机质含量从（56.50 ± 2.90）g/kg 降低至（26.84 ± 3.20）g/kg；无植物的 4# 对照湿地基质中的有机质含量从（105.12 ± 4.50）g/kg 降低至（57.40 ± 2.20）g/kg，说明湿地系统在去除 Cr(Ⅵ)的过程中有机质在逐渐被消耗。添加蔗渣炭对照湿地比不添加的对照组，有机质消耗率少 6.9%，说明蔗渣炭有利于减少有机质的消耗。

1# 沙壤土李氏禾人工湿地基质中的有机质含量从（62.40 ± 2.60）g/kg 降低至（59.91 ± 2.70）g/kg；2# 蔗渣炭混合基质李氏禾人工湿地基质中的有机质含量从（96.54 ± 4.30）g/kg 降低至（90.63 ± 3.50）g/kg。添加蔗渣炭和种植李氏禾均减少了湿地中基质有机质的消耗，添加蔗渣炭比不添加的有机质消耗率少 3.08%。表明添加蔗渣炭能有效促进植物生长和根系分泌物的产生，增加了基质中的有机质含量。

4.4.4 李氏禾和蔗渣炭对基质中微生物的影响

为评价不同湿地基质中微生物数量的变化，对 1#～4# 人工湿地运行前后基质中微生物数量进行测定，结果见表 4.5～表 4.7。

表 4.5　1# 湿地与 3# 湿地微生物菌落数

湿地编号	运行前菌落数 / （$CFU\times10^4/g$）			运行后菌落数 / （$CFU\times10^4/g$）		
	细菌	真菌	放线菌	细菌	真菌	放线菌
1#	1119 ± 47 a	2.03 ± 0.07 a	3.49 ± 0.09 a	2018 ± 78 b	2.12 ± 0.09 b	467.35 ± 16.21 b
3#	1128 ± 56 a	2.04 ± 0.08 a	3.51 ± 0.10 a	1286 ± 56 a	1.88 ± 0.12 a	103.35 ± 7.36 a

注：同一列中不同字母表示数据存在统计学意义上的显著差异（*T*-test，$P<0.05$，$n=3$，平均数从大到小依次表示为 a、b）。

表 4.6　2# 湿地与 4# 湿地微生物菌落数

湿地编号	运行前菌落数 / （$CFU\times10^4/g$）			运行后菌落数 / （$CFU\times10^4/g$）		
	细菌	真菌	放线菌	细菌	真菌	放线菌
2#	1 124 ± 43 a	2.08 ± 0.06 a	3.47 ± 0.11 a	3 134 ± 67 a	2.97 ± 0.07 a	635.12 ± 26.31 a
4#	1 136 ± 61 a	2.11 ± 0.01 a	3.55 ± 0.13 a	1 458 ± 65 b	1.99 ± 0.08 b	136.36 ± 9.84 b

注：同一列中不同字母表示数据存在统计学意义上的显著差异（*T*-test，$P<0.05$，$n=3$，平均数从大到小依次表示为 a、b）。

由表 4.5 可知，1# 沙壤土基质李氏禾人工湿地与无植物的对照湿地，运行前基质中细菌、真菌和放线菌菌落数无显著差异；运行 156 天后，1# 湿地基质中细菌、真菌和放线菌菌落数比 3# 无植物的对照湿地分别高出了 732.00 $CFU\times10^4/g$、0.24 $CFU\times10^4/g$ 和 364.00 $CFU\times10^4/g$，说明种植李氏禾增加了基质中的微生物数量。

由表 4.6 可知，2# 蔗渣炭混合基质李氏禾人工湿地与无植物的对照湿地，运行前基质中细菌、真菌和放线菌菌落数无显著差异；运行 156 天后，2# 湿地基质中细菌、真菌和放线菌菌落数比 4# 无植物的对照湿地分别高出了 1 676.00 $CFU\times10^4/g$、0.98 $CFU\times10^4/g$ 和 498.76 $CFU\times10^4/g$，说明种植李氏禾增加了混合基质中的微生物数量。

表 4.7　不同基质李氏禾人工湿地微生物菌落数

湿地编号	运行前菌落数 / （$CFU\times10^4/g$）			运行后菌落数 / （$CFU\times10^4/g$）		
	细菌	真菌	放线菌	细菌	真菌	放线菌
1#	1 119 ± 47 a	2.03 ± 0.07 a	3.49 ± 0.09 a	2 018 ± 78 a	2.12 ± 0.09 a	467.35 ± 16.21 a
2#	1 124 ± 43 a	2.08 ± 0.06 a	3.47 ± 0.11 a	3 134 ± 67 b	2.97 ± 0.07 b	635.12 ± 26.31 b

注：同一列中不同字母表示数据存在统计学意义上的显著差异（*T*-test，$P<0.05$，$n=3$，平均数从大到小依次表示为 a、b）。

由表 4.7 可知，1# 和 2# 种植李氏禾的湿地，运行前基质中细菌、真菌和放线菌菌落数无显著差异；运行 156 天后，添加蔗渣炭的 2# 湿地基质中细菌、真菌和放线菌菌落数比 1# 湿地分别高出了 1 116 CFU × 10^4/g、0.85 CFU × 10^4/g 和 167.77 CFU × 10^4/g，说明添加蔗渣炭显著增加了基质中的微生物数量，从而提高了湿地系统对 Cr(Ⅵ)的净化能力。

4.5 讨论

通过沙壤土基质李氏禾人工湿地和蔗渣炭混合基质李氏禾人工湿地分别与无植物对照组进行比较，有李氏禾的湿地对 Cr(Ⅵ)和总 Cr 的去除效果均明显好于无植物的对照湿地，这表明李氏禾在湿地系统净化 Cr(Ⅵ)过程中起到重要作用，能提高湿地系统对 Cr(Ⅵ)的净化能力。李氏禾对湿地系统净化 Cr(Ⅵ)的功能可能包括直接作用和间接作用。直接作用是指李氏禾可以直接吸收水中的铬并将其转化积累在植株的根茎叶中。间接作用包括：

（1）李氏禾增加了基质中的有机质含量，而有机质又可以作为电子供体直接参与 Cr(Ⅵ)的还原过程。因为植物的凋落物、根际分泌物及腐烂的根经矿化后都会增加有机质含量（Xu et al.，2006）。其具体包括：①植物的凋落物和腐烂的根经矿化后会增加基质中腐殖酸和富里酸的含量（Wittbrodt et al.，2010；Wittbrodt et al.，1996；Wittbrodt et al.， 1995）；②根际分泌物的代谢活动会产生乳酸、扁桃酸、酒石酸、草酸、水杨酸等有机酸（Deng et al.，1996）。

（2）李氏禾增加了基质中的微生物数量，基质中某些微生物数量的增加加快了对 Cr(Ⅵ)的还原，如硫酸盐还原菌（Zazo et al.，2008）。微生物的代谢活动又会增加有机质含量，从而促进了对 Cr(Ⅵ)的还原（Jenssen et al.，1993）。

因为植物的根系分泌物不仅为根际微生物提供所需的能源，还能直接影响根际微生物数量，分泌物越多，微生物生长越旺盛（Darrah，1991）。这与李传涵等（1991）的研究结果，毛白松和刺槐混交林中根系分泌物使根际微生物（细菌、真菌和放线菌）的数量显著提高一致。间接作用可能还包括：

（1）李氏禾的根系活动改变了基质物理化学特性从而有利于 Cr(Ⅵ)的还原和沉淀（Zhang et al., 2010）；

（2）李氏禾根际分泌物和供氧提高了其周围微生物的活性从而促进微生物对 Cr(Ⅵ)的转化和固定（朱丽霞等，2003）；

（3）李氏禾为基质中的微生物提供了有机质，微生物在消耗有机质时会消耗氧气从而有利于 Cr(Ⅵ)的还原和沉降（Zazo et al., 2008）。

李氏禾对湿地系统净化 Cr(Ⅵ)功能的贡献不仅表现在提高去除率上，还表现在维持湿地系统运行的稳定性上。随着运行时间的延长，无植物的对照湿地出水铬浓度不断上升而李氏禾人工湿地铬出水浓度依然保持稳定，这说明李氏禾在维持湿地生态系统功能稳定性上起到重要的作用。

添加 5% 蔗渣炭的李氏禾人工湿地在进水 Cr(Ⅵ)质量浓度为 5.00 mg/L 时，出水 Cr(Ⅵ)、总 Cr 平均质量浓度比未添加的湿地低，去除效果明显好于无植物的对照湿地，表明添加蔗渣炭提高了湿地系统对 Cr(Ⅵ)的净化能力。蔗渣炭含有 N、P、K 等营养元素，投加蔗渣炭可促进李氏禾的生长，增加基质有机物的质量浓度，也为微生物的生长提供适宜的场所和营养物质，有效增加了基质中的微生物的数量，这与第 2 章的研究结果相一致，说明投加蔗渣炭，能有效改善湿地系统环境，提高系统对 Cr(Ⅵ)的净化能力。

4.6　本章小结

（1）温室条件下，进水 Cr(Ⅵ)质量浓度为 5.00 mg/L 时，沙壤土基质李氏禾人工湿地对 Cr(Ⅵ)和总 Cr 的去除率分别比无植物的对照湿地高 39.82% 和 45.56%，去除效果显著好于无植物的对照湿地；蔗渣炭混合基质李氏禾人工湿地对 Cr(Ⅵ)和总 Cr 的去除率分别比无植物的对照湿地高出 33.39% 和 38.05%，去除效果显著好于无植物的对照湿地。结果表明，种植李氏禾显著提高了湿地系统对 Cr(Ⅵ)的净化能力。

（2）添加 5% 蔗渣炭的李氏禾人工湿地的出水 Cr(Ⅵ)平均质量浓度为比

沙壤土基质李氏禾人工湿地低 0.425 mg/L，去除率提高 8.50%；出水总 Cr 平均质量浓度比无添加的低 0.459 mg/L，去除率提高 9.39 %。可见，添加蔗渣炭的李氏禾人工湿地对 Cr（Ⅵ）和总 Cr 的去除效果明显好于无添加的湿地，表明添加蔗渣炭提高了湿地系统对 Cr（Ⅵ）的净化能力。

（3）李氏禾对铬和 Cr（Ⅵ）的还原与微生物、有机质有着十分密切的关系。对于混合基质和沙壤土基质两种湿地，有无种植李氏禾，其有机质消耗量分别为 6.12%、10.2%、45.4%、52.5%。对于均种植李氏禾的两种基质的湿地，有无蔗渣炭，其有机质消耗量分别为 6.12% 和 10.2%。说明种植李氏禾和添加蔗渣炭均能有效增加基质中的有机质含量。

（4）种植李氏禾和添加蔗渣炭的湿地，细菌、真菌和放线菌的菌落数比对照组高，表明种植李氏禾和添加蔗渣炭有助于提高基质中的微生物（放线菌、细菌和真菌）数量。

第5章　铬在蔗渣炭混合基质李氏禾人工湿地中的迁移转化

5.1　引言

铬的毒性和危害性与其价态密切相关，Cr(Ⅲ)是人体和动物必需的微量元素，其移动性和毒性较低，而Cr(Ⅵ)的毒性、移动性和生物有效性均远远高于Cr(Ⅲ)(戴宇等，2009)。因此，将水体中的Cr(Ⅵ)还原成Cr(Ⅲ)是降低其生态风险的基本思路。由于Cr(Ⅵ)不易被生物降解，所以人工湿地系统净化Cr(Ⅵ)污染水体的实质就是将水体中的Cr(Ⅵ)转移到基质、植物和微生物中。第3章研究结果已表明，李氏禾人工湿地对于Cr(Ⅵ)污染水体具有很强的净化能力。但是，由于湿地系统的“黑箱效应”，人们对Cr(Ⅵ)进入湿地系统后的迁移转化机理与过程的认识尚不充分。目前，大量的研究都集中在工程和实效上，相较而言，对Cr(Ⅵ)去除机理的探讨和研究则较为薄弱，尤其对于铬在基质和植物中的分布和价态转化缺乏详细的研究。李氏禾人工湿地能否将Cr(Ⅵ)有效地还原成Cr(Ⅲ)，是判定该湿地系统有效性和生态安全性的重要科学依据，是决定将该处理工艺推广工程应用的重要科学凭证。

本章以实验室规模的蔗渣炭混合基质李氏禾人工湿地系统为对象，综合运用电子顺磁共振(Electron Paramagnetic Resonance，EPR)、X射线光电子能谱(X-ray Photoelectron Spectroscopy，XPS)、傅里叶变换红外光谱(Fourier Transform Infrared Spectroscopy，FTIR)等方法，对铬在湿地系统中的价态转化以及李氏禾和基质中铬的化学特征进行分析，探讨李氏禾人工湿地系统净化Cr(Ⅵ)污染水体的生物地球化学机理，为提高湿地系统的净化性能提供科学依据。

5.2 实验材料

5.2.1 李氏禾植株

以 2# 蔗渣炭混合基质李氏禾人工湿地为研究对象，温室条件下运行结束后（第 222 天），采用梅花形布点法采集李氏禾植株的根茎叶，保持每个取样点的植株重量基本一致。收获后，将植株的根、茎、叶分离，根系先用超纯水洗净，再用 20 mmol/L Na_2-EDTA 浸泡 2 次（15 min/ 次），最后再用超纯水将根洗净。茎叶直接用超纯水洗净，洗净后吸干表面水分。根、茎、叶一部分置于 105℃烘箱杀青 30 min 然后 80℃烘干至恒重，粉碎后用于铬的测定；另一部分充分剪碎后置于研钵中，加入液氮，迅速研磨成粉末状，用于 EPR 的检测。

5.2.2 基质

采集李氏禾植株的同时采用梅花形布点法将取样器垂直插入基质中，保持每个取样点的取土深度和取样量一致，基质的取样总量以 1.0 kg 左右为宜。采集后，将基质样置于 105℃烘箱烘干至恒重，研磨过 100 目筛后，一部分用于 pH、Eh 和铬的测定；另一部分用于 XPS、FTIR 的检测。

5.2.3 标准物质草酸铬

由于草酸铬标准物质无法购买，采取自行配制。草酸铬分子式为 $C_6Cr_2O_{12} \cdot 6H_2O$，为红色无定型固体，具有吸湿性。采用氢氧化铬和草酸配制，于烧杯中加入草酸溶液，按摩尔比例加入氢氧化铬，置于恒温搅拌器上搅拌，温度 40℃，搅拌时间 3 h，使草酸与氢氧化铬最大限度地反应，反应液经 0.45 μm 微孔滤膜抽滤，滤液于 60℃恒温烘箱内烘干至固体状，研磨成粉末，以供 EPR 检测，草酸铬制备的选用条件参照田芸琳等（2010）的实验研究。

5.3 实验方法

5.3.1 实验设计

以 2[#] 蔗渣炭混合基质李氏禾人工湿地为研究对象，温室条件下运行前后（第 1 天和第 222 天），测定基质的 pH 和 Eh，分析其变化原因。

为了研究李氏禾人工湿地系统各介质对 Cr（Ⅵ）去除的相对贡献，温室条件下运行结束后，采集基质样本和植物样本，测定基质和李氏禾中 Cr（Ⅵ）和总 Cr 的含量，分析铬在湿地系统中的分布及铬的质量平衡。

调整温度，使湿地在冬季气候条件运行，7 天后李氏禾全部自然枯萎，用钢剪收集李氏禾地上部分。采用 EPR、XPS 和 FTIR 等方法，检测铬在植物和基质中的赋存形态，研究铬在湿地系统中的迁移转化。

5.3.2 测试方法

5.3.2.1 李氏禾和基质中 Cr（Ⅵ）

Cr（Ⅵ）提取方法采用 EPA3060a 方法，称取 0.10 g 植物样和 0.50 g 土样，分别置于 150 mL 具塞三角瓶中，加入 50 mL 的消解液，0.85 g $MgCl_2 \cdot 6H_2O$，0.5 mL 磷酸盐缓冲液，然后加盖。将样品置于水浴恒温振荡器中，于 90～95℃以 150 r/min 振荡 1 h。萃取完成后，待样品冷却至室温，然后离心过滤，滤液盛于 250 mL 烧杯中，边搅拌边缓慢加入 5.0 mol/L 硝酸溶液，同时用 pH 计测其 pH，pH 在 7.5 ± 0.5 时停止加入硝酸。将烧杯中溶液定量转入 100 mL 容量瓶中，最后定容至刻度线。采用《水质　六价铬的测定　二苯碳酰二肼分光光度法》（GB 7467—1987）的方法测定 Cr（Ⅵ）浓度。

5.3.2.2 李氏禾和基质中总 Cr

（1）植物样消解方法

称取 0.30 g 植物样于 100 mL 锥形瓶中，加入 10 mL 硝酸（优级纯），放上弯颈漏斗浸泡过夜。次日放置于电热板消解。消解温度为 120～160℃，先中温加热 24 h，待泡沫消失后，补加 5 mL 硝酸，升温至 180～220℃持续消解。待消解液大约剩下 3 mL 时，使样品冷却加入 4 mL 30% H_2O_2（优级纯），放上弯颈漏斗继续消解，直至消解液大约剩下 2 mL，再次使样品冷却加入 4 mL 30% H_2O_2，放上弯颈漏斗继续消解，直至消解液近于 1～2 mL，取下冷却，消解液为无色透明或略带黄色。将消解液移入 25 mL 比色管，用超纯水多次洗涤锥形瓶和弯颈漏斗，洗涤液移入比色管，最后定容至 25 mL。用火焰原子吸收分光光度法测定总 Cr 含量。

（2）土样消解方法

称取 0.20 g 土样于微波消解罐中，用少量水润湿后加入 6 mL 硝酸（优级纯）、2 mL 氢氟酸（优级纯）加盖密封，放于微波消解系统转盘上，设置消解程序，进行样品消解，5 min 程序升温至 120℃后恒温 3 min，继续连续升温 10 min 至 180℃，恒温 15 min 后冷却至室温，取出消解罐转移至 50 mL 聚四氟乙烯坩埚中，加入 2 mL 高氯酸，电热板温度控制在 150℃，驱赶白烟并蒸至内容物呈黏稠状。取下坩埚稍冷，加入 3 mL 盐酸，温热溶解可溶性残渣，全量转移至 25 mL 比色管中，加入 5 mL 氯化铵，冷却后定容至 25 mL。用火焰原子吸收分光光度法测定总 Cr 含量。

5.3.2.3 基质 pH

称取 10.0 g 基质样，置于 100 mL 的烧杯中，并加入 25 mL 超纯水，搅拌 5 min，静置 1 h 后，将 pH 电极插入试样溶液中，待读数稳定后读取 pH。

5.3.2.4 基质氧化还原电位

称取 10.0 g 基质样，置于 100 mL 的烧杯中，并加入 25 mL 超纯水，搅拌均匀后，立即将氧化还原电位（ORP）电极插入试样溶液中，待读数稳定后读取 Eh。

5.3.2.5 李氏禾植株电子顺磁共振

样品于上海应用物理研究所进行 EPR 测试。微波功率为 0.2～20 MW，微波频率为 X- 波段 9.4 GHz，液氮变温为 -160～20 K，以氯化铬粉末、氢氧化铬粉末、重铬酸钾粉末以及自行配制的草酸铬粉末为标准物质。

5.3.2.6　基质 X 射线光电子能谱分析

样品由山东天和科研协作中心进行 XPS 检测。用单色器铝靶 X 射线（1 486.7 eV）激发，X 射线源功率为 225 W（工作电压 15 kV，发射电流 15 mA），污染碳（内标）284.8 eV，最小能量分辨率 0.48 eV（Ag 3d 5/2），最小 XPS 分析面积 15 μm。

5.3.2.7　基质傅里叶变换红外光谱分析

样品由山东天和科研协作中心进行 FTIR 检测。取适量土样与溴化钾（KBr）一起研磨、压片，然后在 400～4 000 cm^{-1} 范围内扫描。

5.3.3　仪器设备

紫外 - 可见分光光度计，UV-9600 型，北京瑞利分析仪器公司；原子吸收分光光度计，AA-700 型，美国铂金埃尔默仪器有限公司；精密 pH 计，pHS-3C 型，上海雷磁仪器厂；ORP 复合电极，上海越磁电子科技有限公司；电子顺磁共振波谱仪，JES-FA200 型，日本电子株式会社；多功能成像电子能谱仪，Axis Ultra 型，日本岛津公司；傅里叶变换红外光谱仪，Magna-IR750 型，美国 Nicolet 公司；土壤测试仪，TRF-2 系列，北京盟创伟业科技有限公司；水浴恒温振荡器，SHZ-B 型，上海博迅实业有限公司医疗设备厂；微波消解仪，MARS5 型，美国 CEM 公司。

5.3.4　数据处理

检测均设置 3 个平行样，采用统计软件 SPSS18.0 处理数据，取其数据的平均值 ± 标准差作为实验结果。EPR 数据采用软件 CWESR 和 Origin8.0 解析，XPS 数据采用软件 XPS Peak Fit 4.1 和 Origin8.0 解析，FTIR 数据采用软件 Origin8.0 解析。

5.4 实验结果

5.4.1 李氏禾人工湿地基质的 pH 和 Eh

从表 5.1 可以看出，湿地运行结束后，基质的平均氧化还原电位从湿地运行之前的（390.1 ± 6.5）mV 降低至（−235.2 ± 9.2）mV，说明基质中发生了 Cr(Ⅵ)的还原反应。又因为湿地运行结束之后，基质的 pH 接近中性（表 5.1），结合 pH 和 Eh 的变化，可知李氏禾人工湿地基质中的 Cr 主要以 Cr(Ⅲ)形式存在（Bartlett et al.，1976）。

表 5.1 李氏禾人工湿地基质的 pH 和 Eh

时间	pH	Eh/mV
湿地运行开始前	6.33 ± 0.02	390.1 ± 6.5
湿地运行结束后	6.65 ± 0.04	−235.2 ± 9.2*

注：* 表示数据在统计学意义上存在显著差异（*T*-test，$P<0.05$，$n=3$）。

5.4.2 李氏禾人工湿地系统的铬质量平衡

废水输入 Cr 的总量

采样检测之前，共运行 216 天。Cr(Ⅵ)质量浓度为 5.00 mg/L 的污水以流速 60 L/d 泵入人工湿地系统运行 156 天；质量浓度为 7.50 mg/L，运行 30 天；质量浓度为 10.00 mg/L，运行 30 天。因此，在实验期间输入湿地系统的铬的质量负荷为 78.30 g。

出水输出的 Cr 的总量

根据出水质量浓度，计算 Cr(Ⅵ)和总 Cr 的流出量：Cr(Ⅵ)为 914.85 mg，总 Cr 为 992.34 mg。

基质 Cr 的本底值

湿地输入含铬废水前，混合基质中总 Cr 的本底值为 5.01 mg/kg，混合基质总量为 300 kg，则基质本身含有总 Cr 为 503.0 mg。

李氏禾植株含 Cr 的总量

对基质、李氏禾根部和李氏禾茎叶中的铬含量进行了测定，测定结果见表 5.2。

表 5.2 湿地基质、李氏禾根部和茎叶中铬含量 单位：mg/kg

污染物	基质	李氏禾根部	李氏禾茎叶
Cr(Ⅵ)	14.97 ± 4.26	310.34 ± 8.53	ND
总 Cr	245.61 ± 11.32	1 812.32 ± 45.67	256.65 ± 15.45

从表 5.2 可以看出，李氏禾根部中的 Cr(Ⅵ)和总 Cr 平均含量最高，分别达到（310.34 ± 8.53）mg/kg 和（1 812.32 ± 45.67）mg/kg，茎叶部中的 Cr(Ⅵ)含量未检测到，总铬 Cr 含量为（256.65 ± 15.45）mg/kg。

整个湿地的收获物地上部分干重为 5.36 kg，根据对完整植株的测定，地上部分与地下部分干重的比值为 2.53，则地下部分干重为 2.12 kg。植物地下部分含 Cr 为 3 842.12 mg，地上部分为 1 375.64 mg，合计 5 217.76 mg。

基质中含 Cr 量

基质中 Cr(Ⅵ)和总 Cr 平均含量分别为（14.97 ± 4.26）mg/kg 和（245.61 ± 11.32）mg/kg，则基质中含 Cr(Ⅵ)4 491.0 mg、总 Cr 73 683 mg。扣除基质本底含量 1 503.00mg，则理论流失量为 902.24 mg，与计算流失量（992.34 mg）基本吻合。

由图 5.1 可见，从李氏禾人工湿地系统中流出的铬只占进入湿地系统中铬的 1.15%，截留在基质中的铬为 73 683.00 mg，占 92.18%；李氏禾中的铬为 5 217.76 mg，仅占 6.67%。这说明截留在湿地系统中的铬绝大部分存在于基质中。基质中的 Cr(Ⅵ)和总 Cr 平均含量虽然低于李氏禾植株中的铬含量，但因为其质量很大，基质在去除 Cr(Ⅵ)的过程中起到主要作用。

基质中的 Cr(Ⅵ)为 4 491.00 mg，仅占总 Cr 的 6.10%；Cr(Ⅲ)占 93.90%。李氏禾的茎部和叶部未检测到 Cr(Ⅵ)；李氏禾根部中的 Cr(Ⅵ)为 657.92 mg，占 17.12%。对于整棵李氏禾体内，Cr(Ⅵ)占 15.00%，Cr(Ⅲ)占 85.00%。可见，基质和李氏禾中的 Cr 主要以 Cr(Ⅲ)形式存在，说明湿地系统发生了 Cr(Ⅵ)的还原反应。

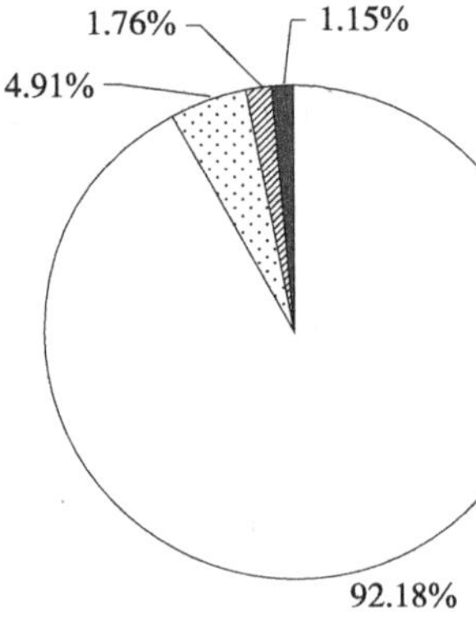

图 5.1　输入性 Cr 在湿地系统中的分布

5.4.3　李氏禾吸收 Cr（Ⅵ）后 EPR 的谱图分析

波普分裂因子 g，能反映出一种物质分子内局部磁场的特征，与过渡金属离子的 d 电子壳层充满程度有关，且不同价态 Cr 的 d 电子壳层充满程度有所不同，其可以判定是否有同一种物质存在（薛鸿庆，1981）。由图 5.2 可知，标准物质 $K_2Cr_2O_7$ 的 EPR 谱图在整场磁场范围内没有出现明显特征峰。标准物质 $CrCl_3$ 和 $Cr(OH)_3$ 的 EPR 谱图在 $g = 2.00$ 处均有明显的信号区域。标准物质 $C_6Cr_2O_{12} \cdot 6H_2O$ 的 EPR 谱图在 $g = 2.20$ 处有明显的信号区域且同时在 $g = 4.00$ 处出现特征峰。

李氏禾叶部的 EPR 谱图在 $g = 4.00$ 处出现特征峰，且与 $C_6Cr_2O_{12} \cdot 6H_2O$ 特征峰 g 值一致。由于有机铬化物如草酸氢铬、柠檬酸铬、Cr（Ⅲ）-EDTA 在 $g = 4.00$～5.50 均出现特征峰（Howe et al.，2003），所以李氏禾叶部中的 Cr（Ⅲ）以有机酸结合态的形式存在。在 $g = 2.00$ 处附近出现一系列超精细谱线可以归结于 Mn（Ⅱ）和 Cu（Ⅱ）（Howe et al.，2003），但是也不排除此信号区域还存在少量的 Cr（Ⅲ）信号，因为其出现信号区域的 g 值与 $Cr(OH)_3$ 产生信号区域的 g 值一致，所以推测还可能存在 $Cr(OH)_3$。李氏禾根部的 EPR 谱图在 $g = 2.00$ 处出现明显的信号区域，与标准物质 $Cr(OH)_3$ 产生明显信号区域的 g 值一致，说明李氏禾根部中的 Cr（Ⅲ）以氢氧化物的形式存在。结合李氏禾植株中 Cr(Ⅵ)仅占 15.00%，Cr(Ⅲ)占 85.00%，表明李氏禾能有效地将 Cr(Ⅵ)还原成 Cr(Ⅲ)。此外，李氏禾根部 EPR 谱图在 $g = 2.00$ 和 $g = 1.98$ 处出现两个连续的信号区域，峰宽为 3.89 mT。有研究报道（Weckhuysen et al., 1996），Cr(Ⅴ)顺磁信号存在的位置于 $g \approx 2.00$ 周围且峰宽＜6 mT，说明李氏禾根部中还同时存在少量的中间价态 Cr(Ⅴ)。

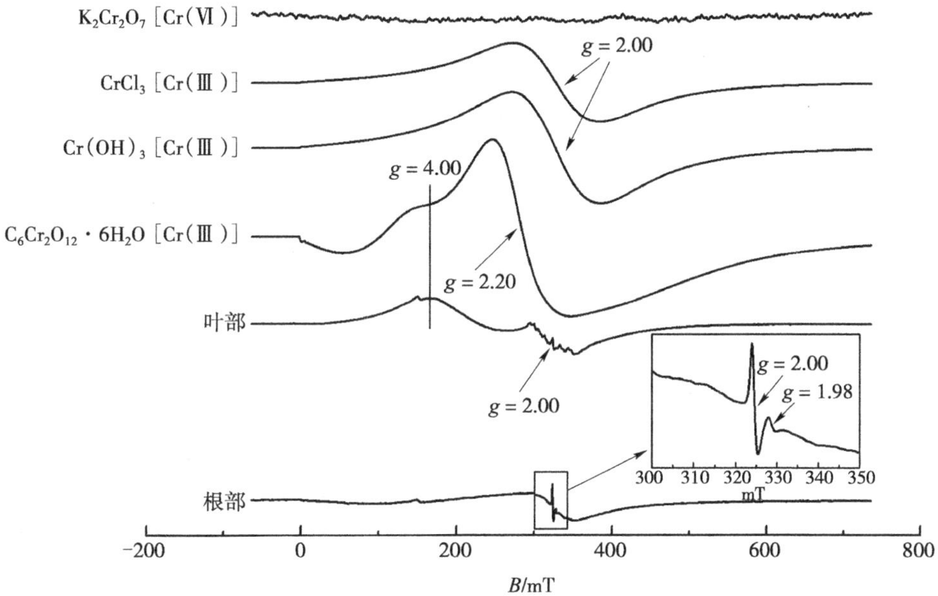

图 5.2　李氏禾叶部和根部 EPR 谱

5.4.4　李氏禾人工湿地基质吸附 Cr(Ⅵ)前后表面分析

5.4.4.1　XPS 分析

（1）XPS 宽扫描谱图分析

XPS 宽扫描可以给出除 H 和 He 以外所有元素的内层电子的结合能，通过元素的特征结合能与灵敏度因子可以确定表面的化学成分及其相对含量（郭沁林，2007）。从图 5.3 和图 5.4 可以看出，基质在 531.88 eV 处出现了强峰，表明其主要组成为 O；在 284.63 eV 和 102.83 eV 处出现弱峰，表明其主要组成为 C 和 Si。此外，图 5.3 中 Al、Ca、Fe 元素的峰可辨。从图 5.4

可以看出，基质吸附 Cr(Ⅵ)后在 577.87 eV 处出现了 Cr $2p_{3/2}$ 特征峰，说明 Cr 被吸附在湿地基质表面。又因截留在基质中的铬占进入湿地系统中铬的 92.18%，表明进入湿地系统中的 Cr(Ⅵ)绝大部分通过基质的吸附被去除。

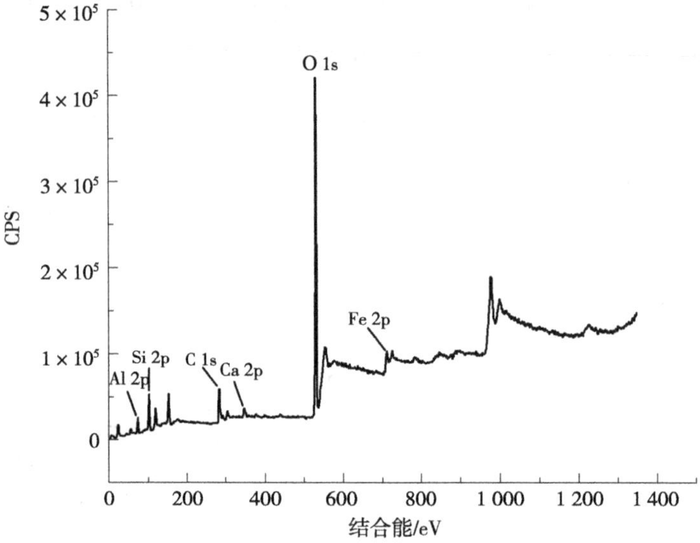

图 5.3　吸附 Cr(Ⅵ)前李氏禾人工湿地基质宽扫描 XPS 谱

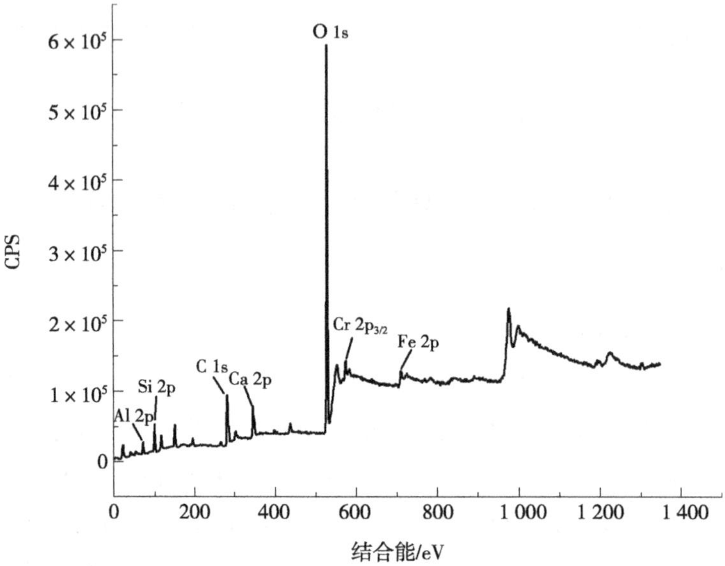

图 5.4　吸附 Cr(Ⅵ)后李氏禾人工湿地基质宽扫描 XPS 谱

（2）Cr 2p 高分辨率 XPS 谱图分析

过渡金属元素常常可以通过主要分裂线（$2p_{1/2}$ 和 $2p_{3/2}$，$3d_{3/2}$ 和 $3d_{5/2}$ 等）的能级间距、能量位置和谱线的形状来进行化学价态的鉴定（郭沁林，2007）。由图 5.5 可知，577.87 eV 和 587.12 eV 处出现很明显的特征峰，分别代表 Cr $2p_{3/2}$ 和 Cr $2p_{1/2}$ 轨道的电子结合能。对 Cr $2p_{3/2}$ 轨道的特征峰进行分峰，得到结合能分别处在 577.29 eV 和 579.72 eV 的两个峰，其中 579.72 eV 处为一个较小肩峰。因为 Cr（Ⅲ）的 $2p_{3/2}$ 轨道结合能通常在 576.8～577.7 eV 处，一般不大于 578 eV（Park，2008）；Cr（Ⅵ）的 $2p_{3/2}$ 轨道结合能通常在 579.0～581.0 eV 处，一般大于 578 eV（Park et al.，2008）。所以，图 5.5 中 577.29 eV 处的特征峰为 Cr（Ⅲ）$2p_{3/2}$ 轨道结合能对应的特征峰，579.72 eV 处的特征峰为 Cr（Ⅵ）$2p_{3/2}$ 轨道结合能对应的特征峰。由于 XPS 峰面积能客观反映出物质表面元素价态的相对含量（郭沁林，2007），所以从图 5.5 可以看出，基质表面 Cr（Ⅵ）含量相对很低，Cr 主要为 Cr（Ⅲ），与基质中 Cr（Ⅵ）仅占 6.10%、Cr（Ⅲ）占 93.90% 的结果相一致。这表明进入湿地的 Cr（Ⅵ）在基质中被还原成 Cr（Ⅲ）。研究表明（孙杰等，2007；Simon et al.，1994），$Cr(OH)_3$ 中 Cr—O 键的 Cr $2p_{3/2}$ 峰位为 577.3 eV，与湿地基质表面 Cr（Ⅲ）$2p_{3/2}$ 特征峰的轨道

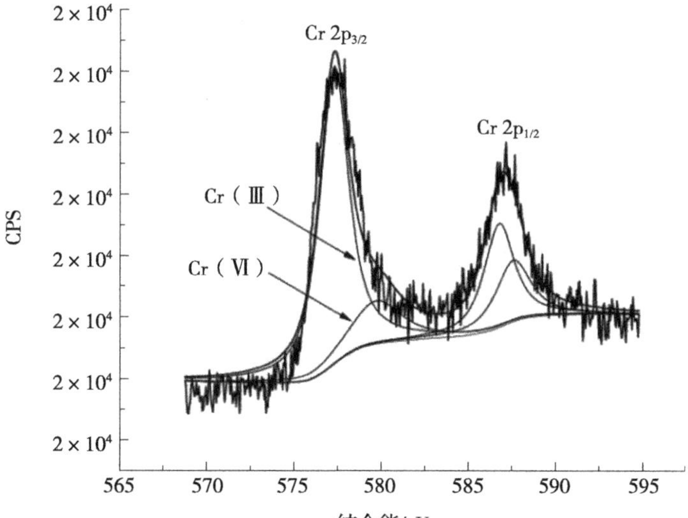

图 5.5　吸附 Cr（Ⅵ）后李氏禾人工湿地基质 Cr 2p 高分辨率 XPS 谱

结合能非常接近。这表明基质表面 Cr(Ⅲ)的结合状态可能为 $Cr(OH)_3$ 中 Cr 的结合状态，即 Cr(Ⅲ)可能以氢氧化物形式存在，因基质吸附 Cr(Ⅵ)前后均存在 Fe 元素（图 5.3 和图 5.4），推测 Fe（ Ⅱ ）对 Cr(Ⅵ)的还原可能起到了一定的作用。

5.4.4.2 FTIR 分析

由图 5.6 可知，湿地基质吸附 Cr(Ⅵ)之前在 3 430 cm^{-1} 处存在一个强而宽的谱带，说明基质表面存在 O—H、N—H 伸缩振动；2 930 cm^{-1} 处的吸收峰与—CH_2 的反对称伸缩振动相关；2 360 cm^{-1} 处为空气中 CO_2 吸收峰；1 630 cm^{-1} 处的吸收峰与 C═O 伸缩振动相关；1 420 cm^{-1} 处的吸收峰与羧基中的 C═O 伸缩振动相关；1 260 cm^{-1} 处的吸收峰与 C—O 伸缩振动相关；1 030 cm^{-1} 处有强吸收峰，可能表现为 Si—O—Si 的对称伸缩振动；876 cm^{-1}、795 cm^{-1}、692 cm^{-1} 处吸收峰与 C—H 的弯曲振动相关。基质吸附 Cr(Ⅵ)后，3 430 cm^{-1} 处的吸收峰向高波数区移动了 10 cm^{-1}，说明羟基和氨基参与了铬的吸附（Lim et al., 2008）；1 420 cm^{-1} 处的吸收峰向高波数区移动了 30 cm^{-1} 并形成强吸收带，说明羧基与 Cr(Ⅲ)发生了配位作用（Figueira et al., 1999）；1 630 cm^{-1} 处的吸收峰向低波数区移动了 80 cm^{-1} 并形成强吸收带，同时 1 260 cm^{-1} 处的吸收峰消失，692 cm^{-1} 处的吸收峰向低波数区移动了 17 cm^{-1}，

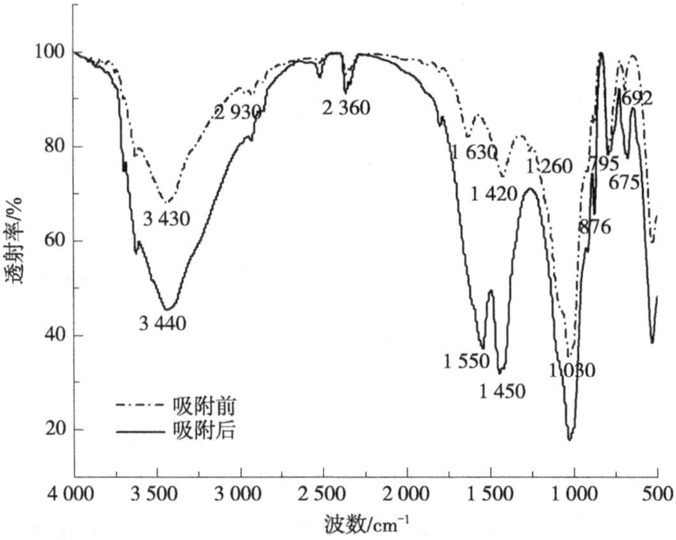

图 5.6 吸附 Cr(Ⅵ)前后李氏禾人工湿地基质 FTIR 谱

表明 C═O、C—O、C—H 等基团与铬的吸附有关（Jain et al.，2010；Huang et al.，2009；Bansal et al.，2009）。这些结果表明基质中的有机质作为电子供体参与了 Cr（Ⅵ）的还原。

5.5　讨论

进入湿地系统中的铬有 83.88% 被截留在基质中，仅有 14.15% 的铬被积累储存在李氏禾植株中，且植物富集的铬主要集中在李氏禾根部（图 5.1）。这表明基质在 Cr（Ⅵ）的固定和去除过程中起到主要作用。唐述虞等（1993）研究认为，潜流式人工湿地对重金属的去除过程中，基质的吸附是最有效的机制。Walk 等（2002）对重金属在湿地系统中的分布状况进行了分析，结果表明基质中积累的重金属质量最大，这可能与基质的沉积、过滤、吸附、化学迁移和生物同化等过程有关。缪绅裕等（1999）对重金属 Zn 在秋茄湿地系统中的分配进行了测定，发现基质截留的 Zn 占进入湿地系统中 Zn 总量的 89.45%。Huang 等（2009）用人工湿地处理 Cr（Ⅵ），结果表明 Cr（Ⅵ）的去除主要是通过基质的吸附积累进行的，而植物体中富集的铬较少，且被富集的铬主要集中在植物的根系部分。阳承胜等（2000）也认为在以宽叶蒲草为植物构建的人工湿地中，重金属主要积累在土壤中。这些研究结果与本章研究结果均一致。第 3 章研究中，在进水 Cr（Ⅵ）质量浓度是其标准限值的 150 倍的情况下，李氏禾人工湿地对 Cr（Ⅵ）的去除率始终能维持在 99% 以上，这进一步说明了李氏禾人工湿地对 Cr（Ⅵ）污染水体具有很强的净化能力。

标准物质 $C_6Cr_2O_{12}\cdot 6H_2O$ 的 EPR 谱图在 $g = 2.20$ 处有明显的信号区域且同时在 $g = 4.00$ 处出现特征峰（图 5.2）。研究报道（Howe et al.，2003）无机铬化合物产生的明显信号区域主要集中在 $g = 2.00$ 周围，所以 $g = 2.20$ 处的明显信号区域可能是由氢氧化铬引起的。因为标准物质草酸铬是由氢氧化铬和草酸自行配制而成的，所以其中可能混有残留的氢氧化铬。虽然草酸铬在 $g = 2.20$ 和 $g = 4.00$ 处同时出现信号，但其 g 值各不相同，氢氧化铬产生的信号区域对草酸铬产生的特征峰基本没有影响。所以自行配制的草酸铬标准物质可以用来判定李氏禾样品中是否存在有机铬化物。标准物质 $K_2Cr_2O_7$ 的 EPR 谱图在整个磁场范围内都没有出现明显的特征峰，主要是因为铬的外围电子层排布为 $3d^54s^1$，铬在失去 6 个电子后转为 Cr^{6+}，d 电子层中没有不成对的电子，故在外加磁场下 Cr^{6+} 表现出顺磁性。

李氏禾在湿地系统净化 Cr(Ⅵ)污染水体的过程中能吸收一定量的铬（图 5.1），并能有效地将吸收的 Cr(Ⅵ)还原成 Cr(Ⅲ)(图 5.2)。其中，叶部中的 Cr(Ⅲ)以有机酸结合态的形式存在，与 Howe 等（2003）的研究结果短萼车轴草叶部中的 Cr(Ⅲ)以有机酸结合态的形式存在相一致。这可能是因为 Cr(Ⅲ)以有机酸络合物的形式螯合成毒性较低的稳定物质储存于细胞非功能区，从而减少游离的 Cr(Ⅲ)对李氏禾叶部的毒害作用。根部中的 Cr(Ⅲ)以氢氧化物的形式存在，可能是由于进入根部的 Cr(Ⅵ)转化成 Cr(Ⅲ)后，被根部细胞表面的果胶和细胞质外体中的负电位基团吸收，进而形成 $Cr(OH)_3$（Martin et al., 1988）；也有可能是 Cr(Ⅲ)进入根部细胞质（pH = 7.3～7.6）后发生了沉淀（Kurkdjian et al., 1989）。另外，根部还存在少量的中间价态 Cr(Ⅴ)(图 5.2)，是因为进入根部的 Cr(Ⅵ)还原成 Cr(Ⅲ)时会先经过中间价态 Cr(Ⅴ)。Liu 等（1995）对藻类、燕麦和大豆进行 EPR 测试同样发现，Cr(Ⅴ)在 $g = 1.98$ 处有明显特征峰，峰宽为 2.6 mT。Micera 等（1988）对吸收了一段时间 Cr(Ⅵ)的大蒜进行 EPR 测试，也得到 Cr(Ⅴ)在 $g = 1.97$ 处有明显特征峰。

基质在湿地系统净化 Cr(Ⅵ)污染水体过程中起主要作用，不仅能吸附大部分的 Cr(Ⅵ)(图 5.3 和图 5.4)，而且还能有效地将 Cr(Ⅵ)还原成 Cr(Ⅲ)(图 5.5)，其中有机质作为电子供体直接参与了基质对 Cr(Ⅵ)的还原作用（图 5.6）。有研究报道（Makos et al., 1995），根际分泌物和根际微生物的代谢活动产生的乳酸、扁桃酸、酒石酸、草酸、水杨酸等有机酸能促进 Cr(Ⅵ)的还原，土壤里的腐殖酸和富里酸也能对 Cr(Ⅵ)进行还原和固定，而这些还原固定 Cr(Ⅵ)的过程主要是通过有机质所含有的类似羧基和酚羟基等官能团与金属离子发生配位作用的方式来实现的。这与本章研究中湿地基质表面的羧基与 Cr(Ⅲ)发生了配位作用，羟基、氨基、C═O、C—O、C—H 等基团参与了铬的吸附（图 5.6）的结果相一致。此外，有机质还可能通过间接作用提高了湿地系统对 Cr(Ⅵ)的净化能力。主要包括：①根际分泌物产生的有机酸提高了其周围微生物的活性从而促进了微生物对 Cr(Ⅵ)的转化和固定（朱丽霞等，2003）；②植物为基质中的微生物提供了有机质，微生物在消耗有机质时会消耗氧气从而有利于 Cr(Ⅵ)的还原和沉降（Zazo et al., 2008）；③在厌氧环境条件下，硫酸盐还原菌消耗有机质时会产生必要的硫化物，进而与 Cr(Ⅵ)发生反应，将 Cr(Ⅵ)还原成 Cr(Ⅲ)以形成溶解性极小的金属硫化物（Zazo et al., 2008）。不仅有机质参与了基质对 Cr(Ⅵ)的还原，而且基质中的无机矿物质也可能参与了 Cr(Ⅵ)的还原。本章研究中，Fe(Ⅱ)对 Cr(Ⅵ)的还原可能起到了一定的作用（图 5.3 和图 5.4），其还原过程推测是 Fe(Ⅱ)将水体中的 Cr(Ⅵ)还原成了 Cr(Ⅲ)，进而在中性条件下以氢氧化铬及铁铬氧化水合物［$Fe_xCr_{1-x}(OH)_3$］的形式存在于基质中。这样溶解性较低的 Cr(Ⅲ)被紧紧地吸附在基质表面，导致铬从液相进入固相，从而减少了水体中 Cr(Ⅵ)的质量浓度。

5.6　本章小结

（1）进入蔗渣炭混合基质李氏禾人工湿地系统中的铬大部分被截留在基质中，基质中的铬占进入湿地系统中铬的 92.18%，仅有 6.67% 的铬被积累储存在李氏禾植株中。李氏禾植株中 Cr(Ⅵ)占 15.00%，Cr(Ⅲ)占 85.00%；根部中的 Cr(Ⅵ)占 17.12%，Cr(Ⅲ)占 82.88%，根部中的 Cr(Ⅲ)以氢氧化物的形式存在；李氏禾的茎部和叶部未检测到 Cr(Ⅵ)，叶部中的 Cr(Ⅲ)以有机酸结合态的形式存在。湿地系统发生了 Cr(Ⅵ)的还原反应。

（2）基质表面同时吸附了 Cr(Ⅲ)和 Cr(Ⅵ)，Cr(Ⅵ)仅占 6.10%，大部分为 Cr(Ⅲ)，且 Cr(Ⅲ)可能以氢氧化物的形式存在。有机质作为电子供体参与了基质对 Cr(Ⅵ)的还原，这表明李氏禾人工湿地系统中的植物和基质将水体中可溶性的 Cr(Ⅵ)阴离子还原成溶解性较低的 Cr(Ⅲ)阳离子，并吸附在基质表面的羟基、氨基、羧基、C=O、C—H、C—O 等基团上，从而使水体中的 Cr(Ⅵ)浓度下降。

第 6 章　李氏禾凋落物对湿地系统中的影响

6.1　引言

凋落物是生态系统养分归还的主要形式，其作为分解者的物质和能量来源，是生态系统生物地球化学循环的一个重要组成部分，对促进生态系统正常的物质循环起着重要作用（李海涛等，2007；王瑾等，2001）。李氏禾作为湿地植物，其凋落物在净化 Cr(Ⅵ)污染水体的湿地生态系统中扮演着重要的角色。由于大量的农业废弃物能有效地吸附去除水中 Cr(Ⅵ)(Mohan et al., 2006)，所以李氏禾凋落物在湿地系统净化 Cr(Ⅵ)污染水体的过程中，可能也能够吸附一定量的 Cr(Ⅵ)。同时，李氏禾凋落物含有大量的铬，微生物对凋落物的分解可能又会逐步释放其中的铬。这势必会造成铬的转移和再分配，而现有的研究往往忽视了这一过程在物质循环中的作用。存储在凋落物中的铬是否会成为周围区域的污染源，从腐烂的凋落物中释放的铬是评估人工湿地处理 Cr(Ⅵ)污染水体的生态风险的必要条件，这对于确定如何管理湿地的植物凋落物而言同样重要。

6.2　实验材料

李氏禾凋落物：2# 蔗渣炭混合基质李氏禾人工湿地在冬季气候条件下枯萎后（实验第 228 天），用钢剪从李氏禾人工湿地系统中收割地上枯萎的部分，作为实验材料。

6.3 实验方法

6.3.1 实验设计

（1）李氏禾凋落物吸附 Cr（Ⅵ）实验

将采集的凋落物样品用去离子水清洗，并在 60℃下干燥，烘干后的凋落物经粉碎，通过 2 mm 筛后备用。称取若干份质量为 0.50 g 的试样于 100 mL 具塞三角瓶中，加入体积为 50 mL，质量浓度分别为 2.50 mg/L、5.00 mg/L、7.50 mg/L、10.00 mg/L、12.50 mg/L 和 15.00 mg/L，pH=6.50 的 Cr（Ⅵ）溶液，加盖，置于水浴恒温振荡器上恒温（25℃）振荡（150 r/min）。在预定时间取样离心，测定溶液中残余的 Cr（Ⅵ）和总 Cr 质量浓度，计算 Cr（Ⅵ）去除率和凋落物对 Cr（Ⅵ）的吸附量。

（2）李氏禾凋落物分解释放铬实验

将采集的凋落物样品用高温灭菌的干毛巾擦去泥土等杂物，保留凋落物表面微生物，自然风干后粉碎备用。称取若干份质量为 5.00 g 的试样，放入盛有 300 mL 去离子水的 500 mL 锥形瓶中，加盖硅胶塞并用羊皮纸密封，置于水浴恒温振荡器上恒温（25.0℃）振荡（150 r/min）。在预定时间取样离心，测定凋落物的残留质量以及残留凋落物和溶液中的铬质量，计算凋落物失重率和铬释放率。

6.3.2 测试方法

（1）水中 Cr（Ⅵ）和总 Cr 的测定

水中 Cr（Ⅵ）采用《水质　六价铬的测定　二苯碳酰二肼分光光度法》（GB 7467—1987）的方法测定；水中总 Cr 采用《水质　总铬的测定》（GB 7466—1987）的方法测定。

（2）残留凋落物中 Cr（Ⅵ）和总 Cr 的测定

残留凋落物消解方法同 5.2.3.1 和 5.2.3.2，消解后用二苯碳酰二肼分光光度法测定 Cr（Ⅵ），用火焰原子吸收分光光度法测定总 Cr 量。

6.3.3 仪器设备

水浴恒温振荡器，SHZ-B 型，上海博迅实业有限公司医疗设备厂；紫外－可见分光光度计，UV-9600 型，北京瑞利分析仪器公司；原子吸收分光光度计，AA-700 型，美国铂金埃尔默仪器有限公司；微波消解仪，MARS5 型，美国 CEM 公司。

6.3.4 数据处理

（1）吸附量

$$q=(C_0-C_i)V/W \tag{6-1}$$

式中：q——吸附量，mg/g；

C_0——溶液中 Cr（Ⅵ）的初始质量浓度，mg/L；

C_i——溶液中某一时刻 Cr（Ⅵ）的质量浓度，mg/L；

V——反应溶液体积，L；

W——凋落物质量，g。

（2）失重率

$$D=[(W_0-W_i)/W_0]\times 100\% \tag{6-2}$$

式中：D——凋落物失重率，%；

W_0——凋落物的初始质量，g；

W_i——凋落物某一时刻残留质量，g。

（3）释放率

$$E=(E_i/E_0)\times 100\% \tag{6-3}$$

式中：E——铬释放率，%；

E_i——某一时刻溶液中铬质量，g；

E_0——凋落物中初始铬质量，g。

（4）铬释放速率：（奥尔森负对数模型）

$$\ln\left(\frac{x_t}{x_0}\right)=-kt \tag{6-4}$$

式中：x_t——单位时间 t 内生物量中 Cr 的含量，g；

x_0——生物量中 Cr 初始的含量，g；

k——释放速率系数。

测量均设置 3 个平行样，采用统计软件 SPSS18.0 处理数据，取其数据的平均值 ± 标准差作为实验结果，采用软件 Microsoft Office Excel 2003 和 Origin8.0 制图。

6.4　实验结果

6.4.1　李氏禾凋落物对铬的吸附

6.4.1.1　Cr(Ⅵ)吸附去除过程

从图 6.1 和图 6.2 可以看出，当溶液中 Cr(Ⅵ)初始质量浓度为 2.50 mg/L 时，溶液中 Cr(Ⅵ)质量浓度随吸附时间的延长而逐渐降低，于 120 h 达到稳定，吸附平衡时 Cr(Ⅵ)质量浓度为 1.018 mg/L，去除率达到 59.28%。这说明李氏禾凋落物对 Cr(Ⅵ)有一定的吸附效果，但该吸附在达到平衡之前会经过一段缓慢的过程。溶液中总 Cr 质量浓度变化趋势与 Cr(Ⅵ)基本类似，吸附平衡时总 Cr 质量浓度为 1.289 mg/L，去除率达到 48.44%，明显低于 Cr(Ⅵ)的去除率。这说明李氏禾凋落物在吸附 Cr(Ⅵ)的过程中，伴随着氧化还原反应的发生，有 Cr(Ⅲ)生成。

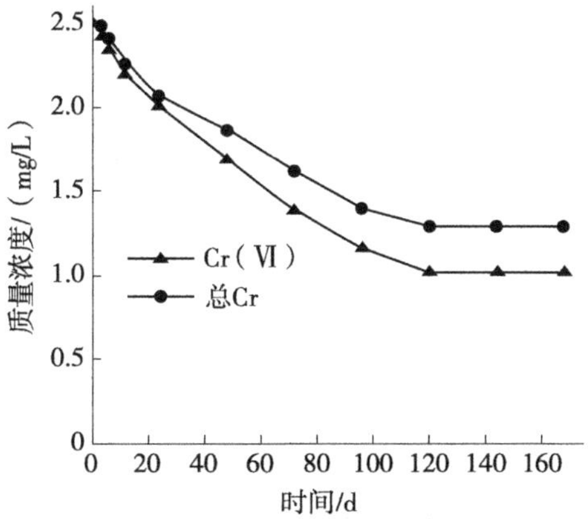

图 6.1　水中 Cr(Ⅵ)和总 Cr 质量浓度随时间的变化

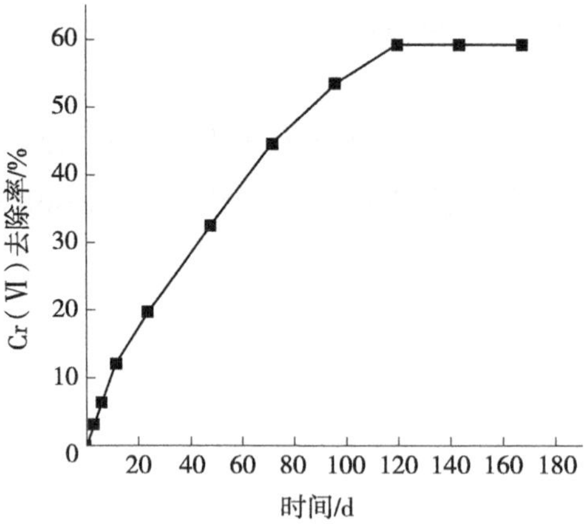

图 6.2　水中 Cr(Ⅵ)去除率随时间的变化

6.4.1.2　初始浓度对 Cr(Ⅵ)吸附的影响

从图 6.3 和图 6.4 可以看出，随着溶液中 Cr(Ⅵ)初始质量浓度的增加，Cr(Ⅵ)的去除率逐渐下降，李氏禾凋落物对 Cr(Ⅵ)的吸附量逐渐上升。当 Cr(Ⅵ)初始质量浓度从 2.50 mg/L 增加到 15.0 mg/L 时，Cr(Ⅵ)的去除率从 59.28% 降低至 47.73%，李氏禾凋落物对 Cr(Ⅵ)的吸附量从 0.148 mg/g 上升到 0.716 mg/g。总 Cr 去除率的变化趋势与 Cr(Ⅵ)基本一致，当 Cr(Ⅵ)初始质量浓度从 2.50 mg/L 增加到 15.0 mg/L 时，总 Cr 的去除率从 48.44% 降低至 34.57%。总 Cr 的去除率始终低于 Cr(Ⅵ)的去除率，在实验范围内，

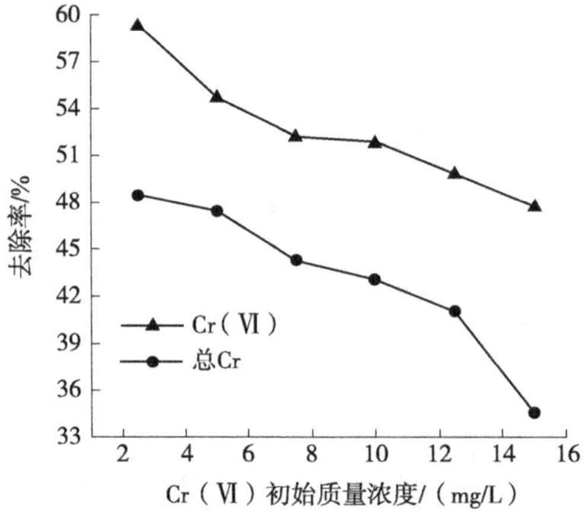

图 6.3　不同初始质量浓度下 Cr(Ⅵ)和 Cr 的去除率

Cr(Ⅵ)和总 Cr 的去除率之差为（9.44 ± 2.19）%，这进一步说明了李氏禾凋落物在吸附 Cr(Ⅵ)的过程中，随着氧化还原反应的发生，有 Cr(Ⅲ)生成。

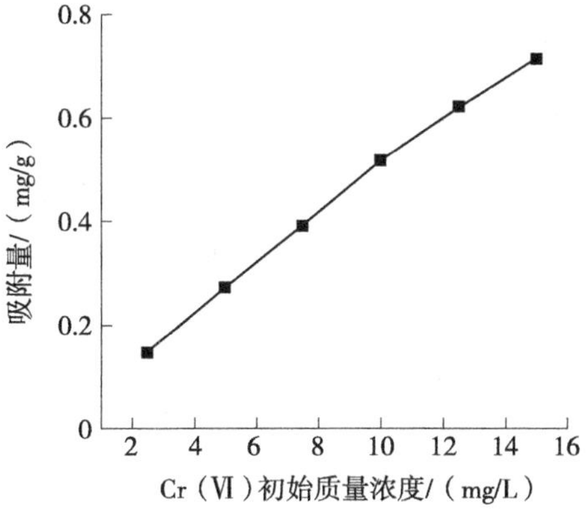

图 6.4　不同初始质量浓度下 Cr(Ⅵ)吸附量

6.4.1.3　吸附动力学

为了研究李氏禾凋落物对 Cr(Ⅵ)的动力吸附过程，采用准一级动力学方程、准二级动力学方程和内扩散方程来拟合吸附过程。

（1）准一级动力学方程

$$1/q_t = 1/q_e + K_1/q_e t \tag{6-5}$$

式中：q_t——t 时刻吸附量，mg/g；

q_e——吸附平衡时的吸附量，mg/g；

K_1——准一级动力学吸附速率常数，h^{-1}。

（2）准二级动力学方程

$$t/q_t = 1/(K_2 q_e^2) + t/q_e \tag{6-6}$$

式中：q_t——t 时刻吸附量，mg/g；

q_e——吸附平衡时的吸附量，mg/g；

K_2——准一级动力学吸附速率常数，mg/（g · h）。

（3）内扩散方程

$$q_t = K_i t^{0.5} + C \tag{6-7}$$

式中：q_t——t 时刻吸附量，mg/g；

K_i——粒子内扩散速率常数，mg·(g·$h^{-0.5}$)；

C——常数。

以 $1/q_t$ 对 $1/t$ 作图得准一级动力学方程，以 t/q_t 对 t 作图得准二级动力学方程，以 q_t 对 $t^{0.5}$ 作图得内扩散方程。由直线的截距和斜率求得动力学方程参数（表 6.1），以方程的线性回归系数 R^2 来检验动力学模型的适用性。

表 6.1　凋落物吸附 Cr(Ⅵ)的动力学方程参数

实测	准一级动力学方程			准二级动力学方程			内扩散方程		
q_e	K_1	q_e	R^2	K_2	q_e	R^2	K_i	C	R^2
0.148	91.623	0.254	0.999 4	0.038	0.268	0.980 3	0.016	−0.023	0.996 1

由表 6.1 可知，准一级动力学方程的线性回归系数值大于准二级动力学方程和内扩散方程的线性回归系数值，所以李氏禾凋落物对 Cr(Ⅵ)的吸附过程更符合准一级动力学方程（R^2 = 0.999 4）。实验得出的 q_e 与计算出的结果更接近，说明准一级动力学模型适用于拟合此吸附过程。

6.4.1.4　吸附等温线

为了明确 Cr(Ⅵ)在李氏禾凋落物表面的等温吸附过程，采用最常用的 Langmuir 和 Freundlich 模型来拟合等温吸附过程。

（1）Langmuir 吸附模型

$$C_e/q_e=1/(q_mK_a)+C_e/q_m \tag{6-8}$$

式中：q_e——吸附平衡时吸附量，mg/g；

q_m——最大吸附量，mg/g；

K_a——Langmuir 吸附平衡常数，L/mg；

C_e——吸附平衡时溶液中 Cr(Ⅵ)质量浓度，mg/L。

（2）Freundlich 模型

$$\ln q_e=\ln K_f+\ln C_e/n \tag{6-9}$$

式中：q_e——吸附平衡时吸附量，mg/g；

C_e——吸附平衡时溶液中 Cr(Ⅵ)质量浓度，mg/L；

K_f——表征吸附能力的吸附平衡常数，mg/g；

n——吸附剂的吸附强度，代表了被吸附物质质量浓度对吸附作用的影响，g/L。

用 C_e/q_e 对 C_e 作图，得到 Langmuir 方程拟合图形（图 6.5），该直线的斜率为 $1/q_m$，截距为 $1/(q_mK_a)$。

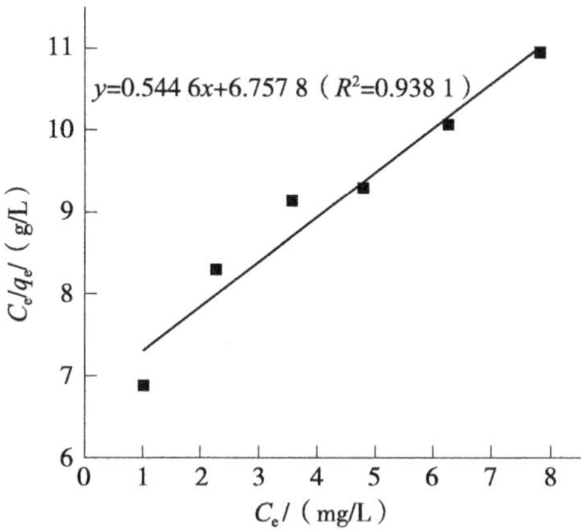

图 6.5　Langmuir 方程拟合

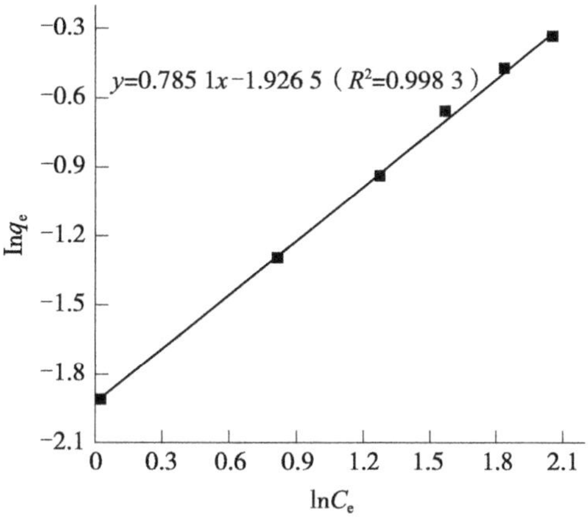

图 6.6　Freundlich 方程拟合

用 $\ln q_e$ 对 $\ln C_e$ 作图，得到 Freundlich 方程拟合图形（图 6.6），该直线的斜率为 l/n，截距为 $\ln K_f$。由表 6.2 可知，Langmuir 模型的 q_m 为 1.836 mg/g，K_a 为 0.081 L/mg，回归系数 $R^2=0.938\ 1$。Freundlich 模型的 K_f 为 0.146 mg/g，回归系数 $R^2=0.998\ 3$，表明凋落物对 Cr(Ⅵ)的等温吸附过程更符合 Freundlich 吸附模型；另外，由 $n=1.274$ 得到 $0<1/n<1$，表明凋落物吸附 Cr(Ⅵ)是向有利于吸附的方向进行的（王开峰等，2010）。

表 6.2　Langmuir 方程和 Freundlich 方程拟合回归参数

Langmuir 模型			Freundlich 模型		
K_a/（L/mg）	q_m/（mg/g）	R^2	K_f/（mg/g）	n	R^2
0.081	1.836	0.938 1	0.146	1.274	0.998 3

6.4.2 李氏禾凋落物的分解及铬释放

6.4.2.1 凋落物的分解过程

李氏禾凋落物的分解过程如图 6.7 和图 6.8 所示。

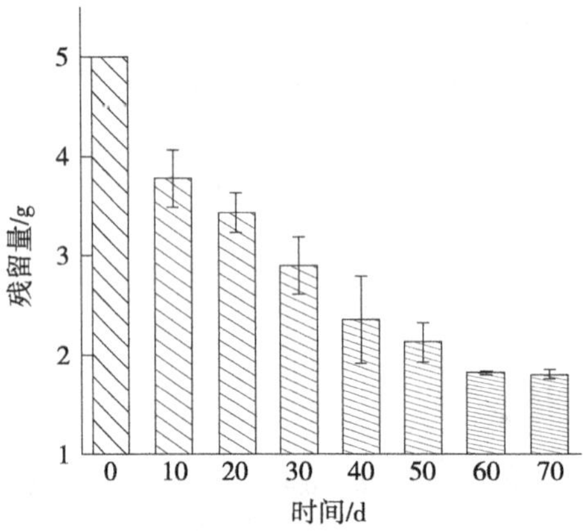

图 6.7 凋落物残留量变化

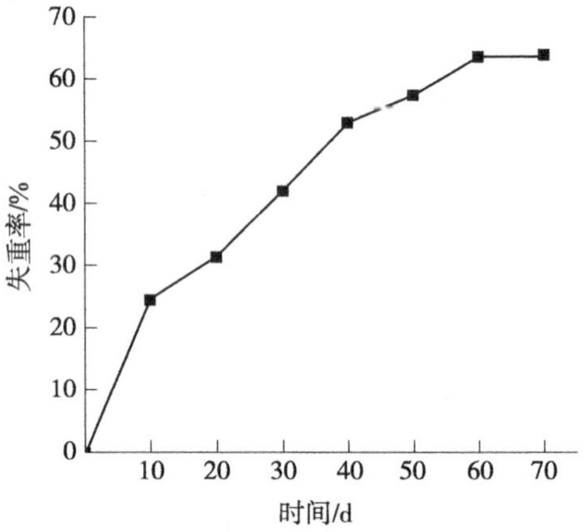

图 6.8 凋落物残留量失重率的变化

从图 6.7 可以看出，李氏禾凋落物残留质量随分解时间的延长而逐渐减少，失重率随分解时间的延长而逐渐增加最后趋于稳定。其在第 0～第 10 天大幅下降，第 10 天平均残留质量为 3.775 g，失重率达到 24.50%。随着分解时间的延长，凋落物的分解速率有所下降，凋落物残留质量在第 20 天、第 30 天、第 40 天、第 50 天分别为 3.431 g、2.896 g、2.354 g、2.132 g，其失重率分别达到 31.38%、42.08%、52.92%、57.36%。第 60～第 70 天，凋落物残留质量未发生明显的变化，平均残留质量分别为 1.824 g、1.809 g，失重率分别达到 63.52% 和 63.83%。

6.4.2.2 凋落物分解过程中铬释放规律

从图 6.9 和图 6.10 可以看出，李氏禾凋落物中铬的质量随分解时间的延长而逐渐减小最后趋于稳定，溶液中铬的质量随分解时间的延长而逐渐增加最后也趋于稳定。凋落物未分解时，所含有的铬的平均质量为 92.80×10^{-6} g。第 0～第 10 天，凋落物和溶液中铬的质量均发生了明显的变化，第 10 天凋落物中铬的平均质量为 85.30×10^{-6} g，溶液中铬的平均质量为 5.975×10^{-6} g。

这说明微生物在分解凋落物的过程中会造成凋落物中的铬被重新释放到溶液中。第 20 天、第 30 天、第 40 天、第 50 天凋落物中铬的平均质量分别为 84.08×10^{-6} g、83.00×10^{-6} g、82.37×10^{-6} g、81.88×10^{-6} g，溶液中铬的平均质量分别为 6.325×10^{-6} g、7.717×10^{-6} g、8.900×10^{-6} g、9.459×10^{-6} g。第 60～第 70 天，凋落物分解缓慢，凋落物和溶液中铬的质量均未发生明显的变化，第 60 天、第 70 天凋落物中铬的平均质量分别为 78.88×10^{-6} g、78.70×10^{-6} g，溶液中铬的平均质量分别为 11.10×10^{-6} g、11.08×10^{-6} g。对每个取样时间段的凋落物和溶液中铬的质量分析，可知在微生物分解李氏禾凋落物的过程中，铬的总量基本保持衡量，只有少量的铬从固相转移到液相。

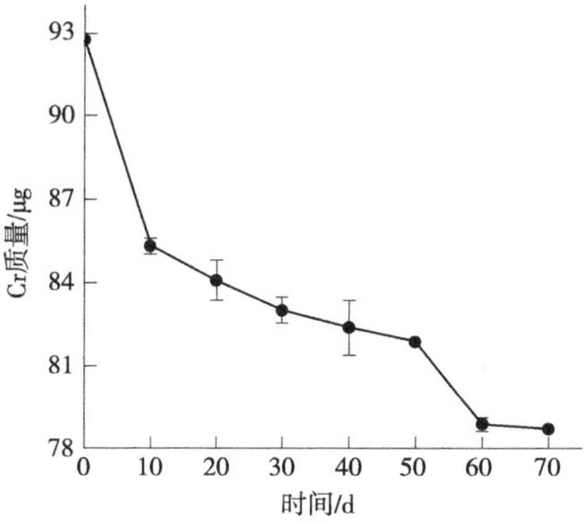

图 6.9　溶液中铬质量的变化

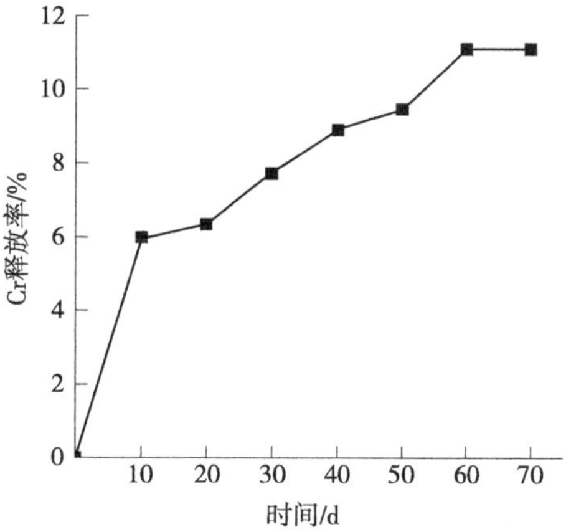

图 6.10　凋落物铬释放率的变化

从图 6.11 可以看出，铬的释放率随分解时间的延长而逐渐升高最后趋于稳定，于第 10 天达到 6.44%，此后随分解时间的延长上升缓慢，其释放率在第 20 天、第 30 天、第 40 天、第 50 天分别为 6.82%、8.32%、9.59%、10.19%。第 60～第 70 天，铬的释放率为 11.95%，趋于稳定。

70 天后，由于分解，尽管凋落物的重量损失率高达 63.83%，却只有 11.95% 的铬被释放到水体中，超过 90% 的铬还停留在凋落物中，表明大多数的铬还累积在植物的组织中，没有被释放出来。采用奥尔森负对数模型计算铬释放速率，结果见表 6.3。

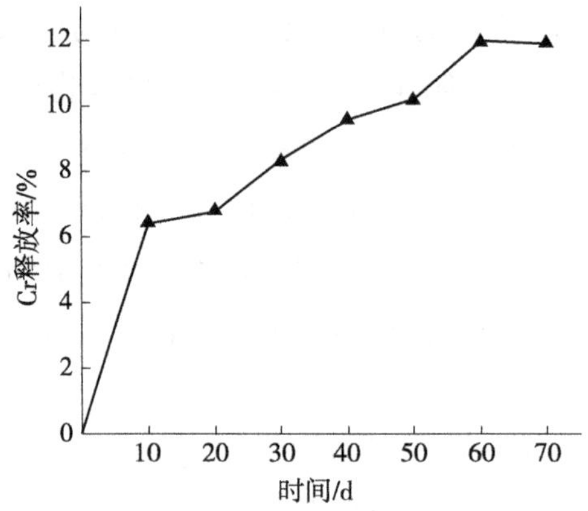

图 6.11　铬释放率的变化

表 6.3　不同分解时间的释放速率

分解时间	10 d	20 d	30 d	40 d	50 d	60 d	70 d	平均
k 值	0.008 43	0.004 94	0.003 72	0.002 98	0.002 51	0.002 71	0.002 35	0.003 94

实验过程中，铬释放速率系数（*k*）为 0.002 35～0.008 43。基于上述铬平均释放速率，释放出 50% 的铬所需的时间预计为 176 天。

6.5　讨论

李氏禾凋落物对 Cr(Ⅵ)有一定的吸附效果，但该吸附在达到平衡之前会经过一段缓慢的过程（图 6.1 和图 6.2）。而李建平等（2008）用质量为 0.50 g 的新鲜李氏禾植物粉末吸附初始质量浓度为 10 mg/L 的 Cr(Ⅵ)溶液，30 min 时基本能达到吸附平衡，远快于本章研究中吸附达到平衡所需要的时间（120 h）。同样也有研究报道（Belaiba et al.，2004），无论是无机吸附剂还是农业废弃物制备的有机吸附材料，对水中重金属离子的吸附过程都是先经过一个快速的吸附阶段之后，随即呈现出相对稳定的平衡吸附特征。造成本实验中吸附过程缓慢的原因可能是因为李氏禾凋落物本身已经含有了大量的铬，再吸附 Cr(Ⅵ)时对吸附平衡时间造成一定的影响。李氏禾凋落物对 Cr(Ⅵ)的吸附去除可能包括两个过程，首先是将 Cr(Ⅵ)吸附于凋落物表面，然后再将吸附的 Cr(Ⅵ)还原成 Cr(Ⅲ)(图 6.3 和图 6.4)。因为 Cr(Ⅵ)在水中主要以 $Cr_2O_7^{2-}$ 存在，容易以静电吸引的方式吸附到质子化的吸附剂活性点位上，再加上吸附剂表面被氢离子包围，从而进一步增强了 Cr(Ⅵ)和吸附剂表面结合点位的吸引力（李荣华等，2009）；随后凋落物含有的大量纤维素等还原物质，在酸性条件下与 $Cr_2O_7^{2-}$ 发生氧化还原反应导致 Cr(Ⅲ)的生成（Dupont et al., 2003；Daneshvar et al., 2002）。也有研究表明（李建平等，2008），李氏禾表面存在大量羰基、羟基、酰胺类结构的官能团，这些官能团对 Cr(Ⅵ)有一定的直接原位还原作用。当逐渐增加 Cr(Ⅵ)初始质量浓度时，凋落物对 Cr(Ⅵ)的吸附容量呈上升趋势（图 6.2）。这可能是因为随着 Cr(Ⅵ)初始浓度的增加，溶液中 Cr(Ⅵ)与凋落物接触概率增大，在其未达到饱和吸附量之前可继续吸附溶液中大量存在的 Cr(Ⅵ)。

李氏禾凋落物能被微生物所分解，其在初始阶段被快速分解，随后分解速率有所下降，最后分解趋于稳定（图 6.8）。这是因为分解前期由于有大量液体培养基的存在导致微生物快速繁殖，从而凋落物被快速分解；随着分解时间的延长液体培养基逐渐被消耗，微生物繁殖速度下降，凋落物的分解速率也有所下降；最后凋落物含有的营养物质被微生物分解完，导致分解速度下降。凋落物的分解会造成铬的重新释放，分解趋于稳定后，释放到溶液中铬的质量仅占铬分解总量的 11.95%，大部分分解的铬被凋落物所吸附（图 6.11）。第 5 章的研究结果表明，李氏禾凋落物中的铬全部以 Cr(Ⅲ)形态存在，又因 Cr(Ⅲ)难溶解且易被矿物质和有机物质吸附（Blowes, 2002），所以分解的铬大量被残留凋落物所吸附。可见，李氏禾凋落物在被微生物分解的过程中，被分解的 Cr(Ⅲ)大部分存在于湿地系统的固相中，只有小部分随出水被排放到外部环境中。这体现了李氏禾人工湿地系统在净化 Cr(Ⅵ)污染水体过程中的生态安全性。

6.6 本章小结

（1）李氏禾凋落物对 Cr（Ⅵ）有一定的吸附效果，当溶液 Cr（Ⅵ）初始质量浓度为 2.50 mg/L、吸附时间为 120 h 时，溶液中 Cr（Ⅵ）质量浓度为 1.018 mg/L，去除率达到 59.28%，且在吸附的过程中伴随着氧化还原反应的发生，有 Cr（Ⅲ）生成，其吸附过程符合准一级动力学方程，等温吸附过程符合 Freundlich 吸附模型。

（2）凋落物分解到第 60～第 70 天，残留质量未发生明显的变化，第 70 天残留质量为 1.809 g，失重率达到 63.83%。李氏禾凋落物的分解会造成铬的重新释放，其中大部分分解的铬被残留凋落物所吸附，仅有 11.95% 的铬被释放到溶液中，说明是否移除李氏禾，对湿地系统对 Cr（Ⅵ）的去除效果影响不明显，李氏禾人工湿地系统在净化 Cr（Ⅵ）污染水体具有生态安全性。

第 7 章　李氏禾人工湿地系统中的微生物群落结构及其作用

7.1　引言

湿地系统净化 Cr(Ⅵ)的功能主要是由基质、水生植物和微生物的共同作用实现的（Belaiba et al.，2004）。目前，对人工湿地去除水体 Cr(Ⅵ)的研究多集中于基质和水生植物（Yadav et al.，2010；Xu et al.，2006），而对湿地系统中的微生物研究相对较少。微生物作为生态系统中的重要组成部分，不仅扮演分解者的角色，更是湿地净化功能的主要承担者。微生物群落直接参与了污染物的转化、吸附和沉积等生物地球化学过程（周元清等，2011）。目前，对李氏禾人工湿地去除水体 Cr(Ⅵ)的研究多集中于基质和李氏禾，而对净化 Cr(Ⅵ)污染人工湿地中微生物群落的研究仍十分缺乏，到目前为止，对于李氏禾人工湿地系统净化 Cr(Ⅵ)污染过程中的微生物群落演替、优势种群对 Cr(Ⅵ)净化功能以及李氏禾根际微生物特征等理论问题尚无人探讨。解答这些问题对阐明李氏禾人工湿地系统净化 Cr(Ⅵ)的微生物生态机理有着重要的意义。

为此，本书对李氏禾人工湿地中微生物对 Cr(Ⅵ)的还原特性做了研究，并利用聚合酶链反应——变性梯度凝胶电泳（PCR-DEEG）技术分别对有李氏禾铬污染人工湿地、有李氏禾清洁湿地和无李氏禾铬污染湿地中微生物的群落结构分别进行了探究，研究微生物群落结构变化的特征，对根际 Cr(Ⅵ)还原菌进行分离鉴定，研究 Cr(Ⅵ)还原菌对 Cr(Ⅵ)的还原能力，探讨湿地系统净化水体 Cr(Ⅵ)的生物地球化学机理，为提高李氏禾人工湿地系统 Cr(Ⅵ)的净化功能，优化人工湿地的设计、运行和管理提供科学依据。

7.2 材料与仪器

7.2.1 供试基质

构建 5# 蔗渣炭混合基质李氏禾清洁湿地，结构与 1#～4# 湿地相同，基质中炭渣炭含量为 5%（图 7.1）。与 1#～4# 湿地同时在相同条件下运行，但输入自来水。作为有李氏禾清洁湿地，与 2# 蔗渣炭混合基质李氏禾人工湿地、4# 蔗渣炭混合基质湿地（对照）作为实验组：

（1）有李氏禾铬污染湿地——2# 蔗渣炭混合基质李氏禾人工湿地；

（2）无李氏禾铬污染湿地——4# 蔗渣炭混合基质湿地（对照）；

（3）有李氏禾清洁湿地——5# 蔗渣炭混合基质李氏禾清洁湿地。

温室条件实验结束时（运行第 156 天），采用梅花形布点法，对三组湿地的基质进行采样，去除砂砾和植物残体，混匀后置于无菌袋中后立即放入 4℃冰箱中备用。

图 7.1 蔗渣炭混合基质李氏禾清洁湿地

7.2.2 主要仪器

超纯水器，UPW-40NE 型，北京历元电子仪器公司；生化培养箱，PX-250B-Z 型，上海博讯实业有限公司；立式压力蒸汽灭菌器，YXQ-LS-70A 型，上海博讯实业有限公司；台式高速冷冻离心机，SIGMA 3K30 型；德国希格玛公司；冷冻离心机，BECKMAN J-6B 型，美国 Backman 公司；精密 pH 计，pHS-3C 型，上海雷磁仪器厂；水浴恒温振荡器，SHZ-B 型，上海博迅实业有限公司医疗设备厂；高速离心机，TGL-18000-CR 型，上海安亭科学仪器厂；电热恒温干燥箱，DNG-9240A 型，上海精宏实验设备有限公司；紫外 - 可见光分光光度计，UV-9600 型，北京瑞利分析仪器有限责任公司；生物洁净工作台，SW-CJ-2FD 型，上海博讯实验有限公司；电泳仪，EPS501 型，上海精密仪器仪表公司；PCR 仪，ImageQuant 350 型，美国通用公司；PCR 仪，Eppdorf 5331 型，德国 eppendorf 公司；核酸 / 蛋白分析仪，DU640 型，美国 Backman 公司；制冰机，SIM-F124 型，日本三洋公司；Dcode^{TM} Universal Mutation system 基因突变检测系统。

7.3　实验方法

7.3.1　基质微生物对 Cr(Ⅵ)的净化能力

运行第 156 天，从 2$^{\#}$ 湿地（有李氏禾铬污染湿地）采集土样，将新鲜土样分为 3 组：第 1 组不作任何处理，第 2 组高温高压灭菌法灭菌，第 3 组氯仿熏蒸法灭菌。

取 150 mL 广口锥形瓶若干，向瓶中加入 10 g 土样，按土液比 1∶5 加入预先用 0.22 μm 的膜过滤掉细菌的 Cr(Ⅵ)[($K_2Cr_2O_7$) 溶液，溶液 Cr(Ⅵ) 质量浓度 25 mg/L)]。将 3 组样品置于 30℃温度下，以转速为 150 r/min 的速度恒温气浴振荡培养，3 天后将样品转移至 100 mL 离心管中，以 4 000 r/min 离心 10 min，取适量样品离心后的上清液，测定 Cr(Ⅵ)含量和计算去除率，对比 3 组的实验结果。Cr(Ⅵ)的测定采用二苯碳酰二肼分光光度法。

7.3.2　净化后不同价态铬的质量平衡

72 h 净化后，将样品离心处理，分别测定 3 组样品中不同价态的铬在液相和固相中的分布状况。采用碱式消解法（EPA3060A）提取土样中的

Cr（Ⅵ），将萃取后得到的 Cr（Ⅵ）用二苯碳酰二肼分光光度法进行测定；总 Cr 的提取采用酸式消解法，将消解后得到的 Cr 用火焰原子吸收分光光度法进行测定。上清液中的 Cr（Ⅵ）用二苯碳酰二肼分光光度法进行测定，总 Cr 用高锰酸钾氧化－二苯碳酰二肼分光光度法进行测定，总 Cr 与 Cr（Ⅵ）的差值即为 Cr（Ⅲ）。测量实验均设置三个平行样，且取其数据的平均值 ± 标准差作为实验结果。

7.3.3 基质微生物群落分析

7.3.3.1 微生物基因组 DNA 提取

用 Powersoil 土壤 DNA 提取试剂盒提取基质样品的总 DNA。

7.3.3.2 细菌 16S rDNA 的 V3 区 PCR 扩增

采用 16S rDNA 通用引物 27F/1492R 进行第一轮扩增，后将 PCR 产物稀释 100 倍后作为模板进行第二轮扩增，扩增引物为 F357-GC/518R（表 7.1）。50lPCR 反应体系包括 1 × Buffer（含 2.0 mmol/L $MgCl_2$），dNTP200 mol/L，引物各 0.2 mol/L，Taq 酶 2.5 U，模板 DNA 1。反应程序：94 ℃，5 min；30 个循环［94℃，30 s；56℃，30 s；72℃，1.5 min（27F/1492R）/30 s（F357-GC/518R）］；72 ℃，10 min。取 PCR 产物，用 1% 的琼脂糖凝胶进行电泳检测，凝胶成像系统拍摄电泳图谱。

表 7.1　细菌 16S rDNA V3 区引物

引物	序列	扩增片段大小
27F	AGA GTT TGA TCC TGG CTC AG	1.5 kb
1492R	TAC GAC TTA ACC CCA ATC GC	
F357-GC	CGC CCG CCG CGC GCG GCG GGC GGG GCG GGG GCA CGG GGG GCC TAC GGG AGG CAG CAG	约 200 bp
F357	CCT ACG GGA GGC AGC AG	
R518	ATT ACC GCG GCT GCT GG'	

7.3.3.3 真菌 16S rDNA 的 V3 区 PCR 扩增

采用巢式 PCR 进行样品的 ITS 扩增。第一轮引物为 ITS1/ITS4，以第一轮扩增产物稀释 100 倍后为模板进行第二轮扩增，引物为 ITS1GC/ITS2（表 7.2）。反应体系包括 1×Buffer（含 2.0 mmol/L $MgCl_2$），dNTP 200 μmol/L，引物各 0.2 μmol/L，rTaq 1.25 U，模板 DNA 1～2 μL。PCR 反应程序：94 ℃ 5 min；35 个循环［94℃ 30 s；50℃（ITS1/ITS4）或 56℃（ITS1GC/ITS2）30 s；72℃ 1 min）］；72℃ 10 min。取 PCR 产物 3 μL，用 1% 琼脂糖凝凝电泳检测扩增效果。

表 7.2 真菌 18S rDNA V3 区引物

引物	序列（5′-3′）	扩增片段大小
ITS1	TCC GTA GGT GAA CCT GCG G	700 bp
ITS4	ATT ACC GCG GCT GCT GG	
ITS1GC	CGC CCG CCG CGC GCG GCG GGC GGG GCG GGG GCA CGG GGG G TCC GTA GGT GAA CCT GCG G	200 bp
ITS2	GCT GCG TTC TTC ATCG ATG C	

7.3.3.4 变形梯度凝胶电泳

变性梯度凝胶的制备使用 Bio-Rad 公司的 D-Code 突变检测系统。对于细菌，所用的聚丙烯酰胺凝胶浓度为 8%（丙烯酰胺：双丙烯酰胺 =37.5：1），变性剂浓度为 35%～65%（100% 的变性剂为 7 mol/L 尿素，40% 去离子甲酰胺）。在 70 V 电压下，60℃恒温，1×TAE 中电泳 14 h。对于真菌，所用的聚丙烯酰胺凝胶浓度为 8%（丙烯酰胺：双丙烯酰胺 =37.5：1），变性剂浓度为 30%～50%（100% 的变性剂为 7 mol/L 尿素，40% 甲酰胺）。在 70 V 电压下，60℃恒温，1×TAE 中电泳 14 h。电泳完毕后，用超纯水冲洗胶，然后将胶放进含 1% Goldview 的染液中，置于摇床上染色 30 min 后，用凝胶成像系统拍摄图谱。采用软件 Quantity One 对 DGGE 图谱的泳道和条带进行识别，从而计算出各个样品间的相似性系数 C_s。根据 Quantity One 软件中得到的数据计算各样品的多样性指数结果。

7.3.3.5 代表条带的回收测序和进化分析

选取较有代表性的条带（编号如图 7.4 所示），用洁净的手术刀片将目标 DGGE 条带完整地切下并装入 1.5 mL 离心管中，备用。参照《分子克隆实验指南》（第二版）“压碎与浸泡法”回收 DGGE 条带中的目标 DNA。具体如下：用双蒸水（ddH_2O）漂洗切胶条带 1 次，后加入 50 μL ddH_2O，用枪头将凝胶压碎，4℃冰箱存放过夜。取 1 μL 浸泡液为模板，采用引物 F357-Gc/518R 进行 PCR，1% 琼脂糖凝胶电泳检测。产物送 Invitrogen 上海分公司以引物 F357 进行测序。

7.3.4 根际 Cr（Ⅵ）还原菌的分离、鉴定

7.3.4.1 根际 Cr（Ⅵ）还原菌分离及培养

取李氏禾根际土壤用 LB 培养基 37℃恒温培养过夜，取上清液转接含 5 mmol/L Cr（Ⅵ）的 LB 培养基 37℃恒温培养过夜，富集的细菌在含有 5 mmol/L Cr（Ⅵ）的 LB 培养基平板上划线，37℃恒温培养 48 h，从中筛选出 Cr（Ⅵ）还原菌株。

液体 LB 培养基：蛋白胨 10 g/L，酵母浸出粉 5 g/L，NaCl 5 g/L，121℃灭菌 20 min。

固体 LB 培养基：液体 LB 培养基成分添加琼脂 1.5%，121℃灭菌 20～30 min，无菌室内倒入平皿，待凝固后置冰箱保存。

7.3.4.2 根际 Cr（Ⅵ）还原菌的鉴定

根际 Cr（Ⅵ）还原菌的鉴定委托北京昊成铭泰科技有限公司进行。

（1）PCR 引物

16s rDNA 正向引物 27F：5′-AGA GTT TGA TCC TGG CTC AG-3′

16s rDNA 反向引物 1492R：5′-ACG GTT ACC TTG TTA CGA CTT-3′

DnaJ 基因正向引物 5′-AAAgTTTAAAgAAgTACAAgAAgC-3′

DnaJ 基因反向引物 5′-CTTTACCATgAACAgTAggAAC-3′

（2）菌体培养

先将菌种复壮培养，然后在平板划线培养 20 h，再接种 20 mL 液体培养

基中，37℃ 200 r/min 培养 15 h。

（3）基因组 DNA 提取

参照常用方法（任文雅等，2010）。

（4）PCR 扩增

16S rDNA PCR 反应条件：95 ℃，5 min；95 ℃，1 min；57 ℃，1 min；72℃，1 min 20 s，30 个循环；72℃，5 min；4℃保存。

16S rDNA 反应体系为 100 μL：

Taq（5 U/μL）0.8 μL；10 × PCR Buffer（Mg^{2+} Plus）10 μL；dNTP Mixture（2.5 mM/each）8μL；模板 DNA 2.5 ng；引物 F1（10 μmol/L）2 μL，引物 R1（10 μmol/L）2 μL；ddH_2O 补足到 100 μL。

DnaJ 基因序列反应条件：

95 ℃，5 min；94 ℃，40 s，循环 32 次；48 ℃，40s；72 ℃，1 min；72 ℃，5 min；4℃保存。

DnaJ 基因序列反应体系为 25 μL：

Taq（5 U/μL）0.8 μL；10 × PCR Buffer（Mg^{2+}Plus）10μL；dNTP Mixture（2.5 mM/each）8 μL；模板 DNA 2.5 ng；引物 F1（10 μmol/L）2 μL，引物 R1（10 μmol/L）2 μL；ddH_2O 补足到 25 μL。

（5）生理生化测试：参照 BIOLOG GEN Ⅲ 和 API 20E 说明书。

7.3.5　根际 Cr(Ⅵ)还原菌的还原能力试验

综合考察 Cr(Ⅵ)初始质量浓度、初始 pH、反应温度和接种量对根际 Cr(Ⅵ)还原菌还原能力的影响。设定 LB 液体培养基 Cr(Ⅵ)初始质量浓度 60 mg/L，pH = 7，接种量为 10%，培养温度为 35℃，每隔 12 h 取一次样，测定 Cr(Ⅵ)残留质量浓度，计算 Cr(Ⅵ)去除率。当改变某一条件时，其他条件不变，各因素设置的 Cr(Ⅵ)质量浓度分别为 20 mg/L、40 mg/L、60 mg/L、80 mg/L 和 100 mg/L，反应温度分别为 25℃、30℃、35℃、40℃和 45℃，pH 分别为 5.0、6.0、7.0、8.0 和 9.0，接种量分别为 1%、5%、10%、15% 和 20%。

7.4 结果与讨论

7.4.1 基质微生物对 Cr（Ⅵ）的净化能力

对有活菌的铬污染土壤和两组灭菌后的对照土壤溶液中的 Cr（Ⅵ）质量浓度进行比较，结果见图 7.2。土壤有活菌的样品中 Cr（Ⅵ）质量浓度显著下降，在处理 12 h 后的 Cr（Ⅵ）质量浓度从 25 mg/L 骤降至 5.87 mg/L，即 Cr（Ⅵ）去除率达到 76.52%，此后 Cr（Ⅵ）质量浓度下降缓慢，反应到 72 h 时，溶液中剩余 Cr（Ⅵ）仅为 1.16 mg/L。在处理 12 h 后，两组灭菌土壤样品的还原率分别为 32.44% 和 24.04%，而两组灭菌土壤样品中的 Cr（Ⅵ）下降则一直缓慢，在 72 h 时，溶液中剩余 Cr（Ⅵ）分别为 6.04 mg/L 和 3.17 mg/L。

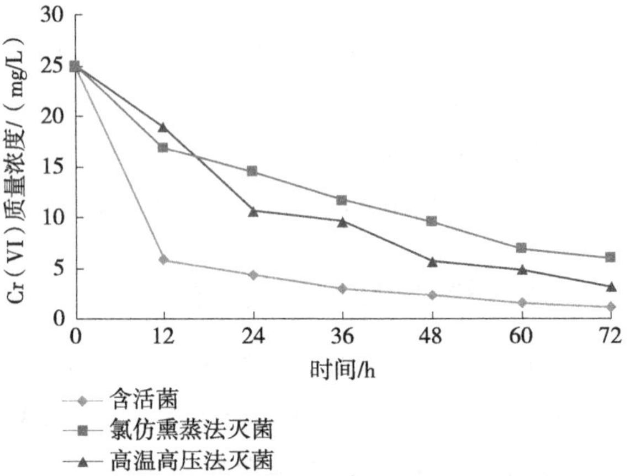

图 7.2 根际微生物还原后基质中 Cr（Ⅵ）含量变化

3 组样品对 Cr（Ⅵ）的 12 h 还原率见表 7.3，含活菌的土样对 Cr（Ⅵ）的去除率达到（76.52 ± 2.34%），分别是高温灭菌土样和氯仿灭菌土样的 2.36 倍和 3.18 倍。因为两组灭菌土样对 Cr（Ⅵ）的去除是主要由于土壤的吸附作用，因此含微生物的土样与灭菌土样之间的差异可能是微生物的影响结果。其中高温高压灭菌组对 Cr（Ⅵ）的去除优于氯仿灭菌组，可能的原因有两个：一是高温、高压对土壤的灭菌不够彻底，导致微生物再次繁殖；二是高温高压改变了土壤的理化性质，可能提高了基质对 Cr(Ⅵ)吸附能力。活菌组在前期对 Cr(Ⅵ)的去除率明显高于两个灭菌组，很可能是铬污染土壤中的微生物发挥了作用，通过对 Cr(Ⅵ)的还原降低了 Cr(Ⅵ)的质量浓度，说明通过湿地土壤中细菌的作用，污染土壤中的有效铬显著降低，这将大大减缓其对周围环境的危害。

表 7.3　3 组土样对 Cr(Ⅵ)的 12 h 去除率

土样类型	Cr(Ⅵ)去除率 /%
含活菌土样	76.52 ± 2.34a
高温灭菌土样	32.44 ± 2.14b
氯仿灭菌土样	24.04 ± 1.88b

注：不同字母表示数据存在统计学上的显著差异（*T*-test，在 $P<0.05$，$n=3$，平均数从大到小依次表示为 a、b）。

7.4.2　净化后不同价态铬的质量平衡

从图 7.3 可以看出，在 3 组样品中，大部分 Cr 都被截留在土壤中，多以 Cr(Ⅲ)形式存在，上清液中的 Cr 只占小部分。含微生物的样品中，土壤中的 Cr 大部分以 Cr(Ⅲ)形式存在，占 87.65%，分别比高温灭菌组和氯仿灭菌组高出 14.44% 和 24.03%，可能是 Cr(Ⅵ)进入样品后，在土壤中众多还原性物质及微生物新陈代谢作用下被还原。含微生物的样品中，上清液中

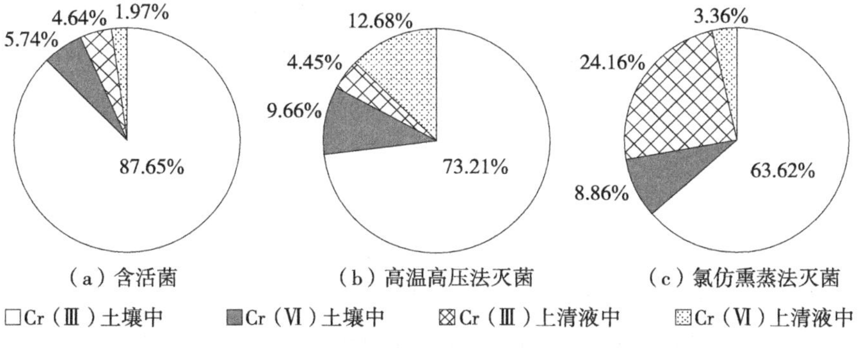

图 7.3　3 组土样中铬的质量平衡

Cr（Ⅵ）含量为4.64%，比高温灭菌组和氯仿灭菌组分别高0.19%和低19.52%，可能是在微生物的作用下将更多的Cr（Ⅵ）还原成Cr（Ⅲ）。

7.4.3 基质微生物多样性对比

7.4.3.1 细菌多样性分析

图7.4（a）为不同土壤样品细菌的DGGE图谱，泳道上的编号代表了不同的样品编号。从电泳结果可以直观地看出，条带数目和优势菌群存在一定的差异。首先，有李氏禾清洁湿地土样中条带最多，有李氏禾铬污染湿地土样和无李氏禾铬污染湿地土样中条带明显减少，说明在未受污染的情况下生物多样性最高，在Cr（Ⅵ）的胁迫下，土壤中微生物群落受到抑制，生物多样性降低，这可能会导致土壤生态系统变得较为脆弱（靳振江等，2011）。其次，优势菌群存在明显差异。有李氏禾清洁湿地条带的优势菌群为位于A、B、C三条泳道处的细菌，而有李氏禾铬污染湿地和无李氏禾铬污染湿地中的优势菌群则分别为G、I和F、K、L泳道的细菌，并且A、B、C处的优势菌群并未出现在其他两个对照湿地中。说明土壤中的Cr（Ⅵ）浓度致使细菌群落向着有利于适应环境的方向演替，重金属毒害造成了少数耐受性较低的种群消失或减少，迅速被重金属耐受性较高的微生物替代。在有李氏禾铬污染湿地条带中，G处细菌群落与无李氏禾铬污染湿地中相同位置条带处的细菌群落相比，数量增多，可能是李氏禾对这种菌群的繁殖产生了积极作用，使其逐渐在群落结构中占据主要位置。I处的优势菌群在有李氏禾清洁湿地和无李氏禾铬污染湿地中并无对应条带，说明这种菌群是李氏禾铬污染湿地特有的。无李氏禾铬污染湿地中F处的细菌群落与有李氏禾铬污染湿地和有李氏禾清洁湿地中相同位置条带处的细菌群落相比，数量明显增多，说明在Cr（Ⅵ）污染土壤中这些菌种对Cr（Ⅵ）表现出了耐受性，并逐渐在群落结构中占据主要地位。在无污染或污染较小的环境中，这些种群反而数量不多；而在Cr（Ⅵ）污染达到一定质量浓度的土壤中，这些群落占据优势，说明这些微生物种群对碳源等营养物质的竞争力小于其他微生物，故而在与其他微生物种群共存的情况下，生物量较低。同时也可说明，Cr（Ⅵ）对这些微生物

种群的繁殖产生了积极作用。可能是由于这些微生物种群基因库中原本带有 Cr(Ⅵ)还原酶的基因，或者某些基因诱导产生了 Cr(Ⅵ)还原酶。在其他微生物无法生存的情况下，通过 Cr(Ⅵ)还原酶还原了对其生长有抑制作用的 Cr(Ⅵ)，进而优先利用营养物质，不断繁殖使生物量升高（高焕梅等，2007）；或者是这些群落微生物能够产生还原 Cr(Ⅵ)的代谢物质，将自身周围微环境中的 Cr(Ⅵ)还原使之降低到不影响自身生长繁殖的浓度以下（Sridhar et al.，2004）。L 处在其他两个条带中并无相应条带，说明是无李氏禾铬污染湿地的特征条带。在其他两块 Cr(Ⅵ)污染湿地中，位于有李氏禾清洁湿地中 M、A、B、C 条带处的优势群落已无条带，说明处于这些位置上的微生物群落对 Cr(Ⅵ)较为敏感，由于无法耐受 Cr(Ⅵ)污染土壤环境而消亡。在其他两块 Cr(Ⅵ)污染湿地中 H、N 泳道处的微生物群落虽未完全消亡，但其生物量骤减，这种情况有 3 种解释：一是说明这类微生物对 Cr(Ⅵ)有一定的耐受性，但土壤中的 Cr(Ⅵ)质量浓度对其生长产生了抑制；二是这些微生物群落受益于具有 Cr(Ⅵ)还原作用的功能菌，它们之间的关系可以是共生或寄生关系，通过还原菌还原土壤中 Cr(Ⅵ)进而改善了土壤环境，使其他的微生物能够生长和繁殖；三是位于 H、N 泳道处的微生物群落在恶劣的环境下能形成休眠体等形态，以此抵御恶劣环境，当周围环境得到改善后，再恢复一定的活性。两块 Cr(Ⅵ)污染湿地的 DNA 条带与清洁湿地的相比，除了优势群落发生变化和生成新的物种外，其他部分群落位置不变，说明 Cr(Ⅵ)污染土壤中仍旧保留了部分原有物种，这些物种或多或少表现出一定的 Cr(Ⅵ)耐受能力。但总体而言，Cr(Ⅵ)污染土壤的群落结构发生了巨大变化。需要指出的是，在 DGGE 实验中，由于受 DGGE 技术的局限性影响，当某一种群的 DNA 在总 DNA 中含量少于 1.5% 时，便无法应用该技术检测到并在图谱中显示出来。故在对照条带中出现或占优势，而在污染土壤中消失的条带所代表的种属也有可能并没有被淘汰，只是演变为非优势或极弱势的种群。

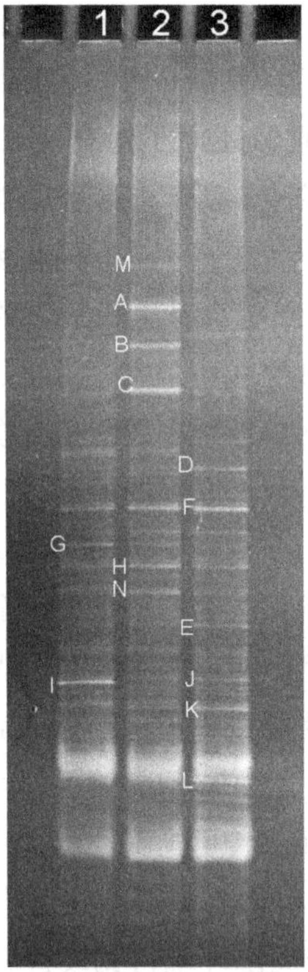

(a)土壤细菌DGGE图谱

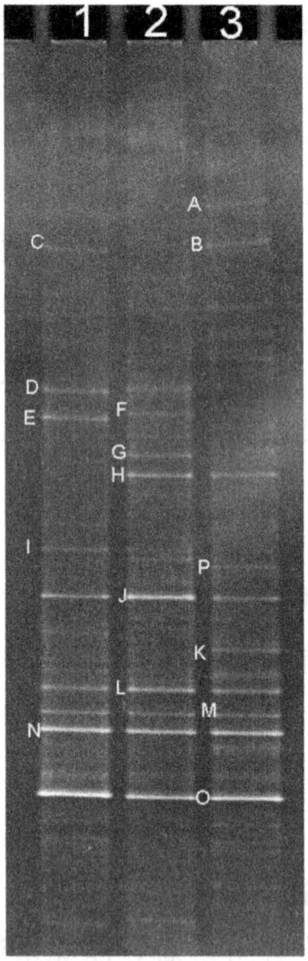

(b)土壤真菌DGGE图谱

1号泳道：李氏禾铬污染湿地；2号泳道：李氏禾清洁对照；3号泳道：无植物铬污染对照

图 7.4　土壤微生物 DGGE 图谱

样品中细菌的相似性系数见表 7.4。1 号、2 号、3 号样品分别代表有李氏禾铬污染湿地、有李氏禾清洁湿地和无李氏禾清洁湿地的土样。计算发现，有李氏禾铬污染湿地和有李氏禾清洁湿地的样品相似度为 67.5%，说明铬污染土壤中微生物种群结构发生了变化，可能在铬的胁迫作用下，一些不耐铬微生物减少或消亡，另一些耐铬的微生物演变成为优势菌群。而有李氏禾铬污染湿地与无李氏禾铬污染湿地的样品相似度为 65.2%，说明有李氏禾存在时，由于根系分泌物的影响，微生物种群结构发生了变化。

表 7.4　样品中细菌的相似性系数 C_s　　单位：%

样品编号	1	2	3
1	100	67.5	65.2
2	67.5	100	71.4
3	65.2	71.4	100

样品中细菌的多样性分析见表 7.5。样品 2 的多样性指数最高，样品 1 和样品 3 较低，说明在 Cr(Ⅵ)的胁迫下，基质中微生物群落受到抑制，生物多样性降低。3 个样品的 3 种多样性指数均没有显著的差异。这表明无论是香农－威纳指数、辛普森指数还是均匀度指数都不是反应铬微污染作用下，微生物群落结构变化的敏感指标。从 DGGE 图谱看，尽管铬污染导致微生物群落中物种组成发生了改变，但这种变化并不足以改变群落的多样性指数。

表 7.5　样品中细菌的多样性分析

样品编号	H'	D	J'
1	2.059 14	0.727 188	0.570 254
2	2.333 388	0.829 625	0.628 341
3	2.213 432	0.784 75	0.617 67

选取图中的代表性条带 F、G、I、L，扩增鉴定细菌的 16S rDNA V3 区基因，并对其进行序列的测定，结果见表 7.6。

表 7.6　细菌测序结果

条带编号	测序结果	序列长度
F	GCTGCCTGGGCGCAGCTGATGCAGCAACGCCGCGTGAGTG ATGAAGGCCTTCGGGTTGTAAACCTCTTTCACCCGGGACGA AAATGACGGTACCGGGAGAATAAGCCCCGGCTAACTCCGT GCCAGCAGCCGCGGTAATA	140 bp
G	GATGGGCGCAGCTGACGCAGCACGCCGCGTGGGGGATGAA GGTCTTCGGATTGTAAACCCCTTTCGACCGGGACGAATCCC CTCGTGGTAAATAATCTGGAGGAGGGACGGTCCCGGGAGA AGAACCCCCGGCTAACTCTGTGCCAGCAGCCGCGGTAATA	161 bp

续表

条带编号	测序结果	序列长度
I	TGGGCGCAGCTGATGCAGCACGCCGCGTGGGGGATGAAGG TCTTCGGGTTGTAAACTCCTGTCGGACGGGACGAATACGCC GGGGGCAAAAGCCCTGGGGGTTGGCGGGTCCGTGGGAGG AACCCCCGGGATACTTCGGGGCCGCCGCCCGGGTTATA	158 bp
L	ATCGGCGCAGCCTGACGCCGCGACGCCGCGTGGGGGA TGAAGGCCTTCGGGTTGTAAACCCCTGTCGCCCGGGAC GAAGGGCTCCGGGCTAATACCTCGGAGGCTGGCGGTAC CCGGGGAGGGAGCCCCGGCTTTCTCTCTGCCAGCAGC- CGCGGTATTATA	162 bp

将序列提交到 NCBI 数据库中，进行 BLAST 比对得到细菌 16S rRNA 基因比对信息，如表 7.7 所示。筛选到的菌株主要为鞘氨醇单胞菌属、孢囊杆菌属、热厌氧菌属。

表 7.7　分离得到的细菌 16S rRNA 基因比对信息

条带编号	亲缘序列及登录号	相似度 /%
F	*Sphingomonas* sp. 1PNM-26 16S ribosomal RNA gene（JQ608334.2）	93
G	*Cystobacter* sp. 94032 16S ribosomal RNA gene（DQ520899.1）	86
I	*Acidobacteria bacterium* UCL-046 16S ribosomal RNA gene（JF707491.1）	90
L	*Thermoanaerobaculum aquaticum* strain MP-01 16S ribosomal RNA，partial sequence（NR_109681.1）	82

7.4.3.2　真菌多样性分析

图 7.4（b）为不同土壤样品真菌的 DGGE 图谱，泳道上的编号代表了不同的样品编号。从电泳结果可以直观地看出，条带数目和优势菌群存在一定的差异。3 个湿地相比条带数目变化不大，但位置变化较大，说明真菌菌群的结构发生了变化。有李氏禾清洁湿地条带的 J、L、N、O 菌群，与受铬污染湿地中的优势菌群基本一致，说明这些菌群的耐铬能力很强。其中 O 处菌群在有李氏禾铬污染条带上的对应位置明显增多，说明李氏禾的存在对这个

菌群的生长繁殖产生了积极作用。有李氏禾清洁湿地中的 F、G 处的菌群在有李氏禾铬污染湿地和无李氏禾铬污染湿地的对应位置并未出现，说明这两种菌群不耐铬，在铬污染的影响下消失或减少。有李氏禾铬污染湿地条带上 C、D、E、I 处的菌落是新出现的，并且在有李氏禾清洁湿地及无李氏禾铬污染湿地条带上无对应位置，是有李氏禾铬污染湿地的特征菌群。无李氏禾铬污染湿地条带的特征菌群是 A、B、P、K。需要注意的是，在 DGGE 实验中，由于受 DGGE 技术的局限性影响，当某一种群的 DNA 在总 DNA 中含量少于 1.5% 时，便无法应用该技术检测到并在图谱中显示出来。所以，在对照条带中出现或占优势，而在污染土壤中消失的条带所代表的种属也有可能并没有被淘汰，只是演变为非优势或极弱势的种群（Ackerley et al.，2010；周琳等，2006；马悦欣等，2003）。

样品中真菌的相似性系数见表 7.8。1 号、2 号、3 号样品分别代表有李氏禾铬污染湿地、有李氏禾清洁湿地和无李氏禾清洁湿地的土样。计算发现有李氏禾铬污染湿地和有李氏禾清洁湿地土壤的相似度为 61%，说明 Cr（Ⅵ）污染土壤中微生物种群结构发生了变化，可能是在 Cr（Ⅵ）的胁迫下，一些物种更迭导致的。而有李氏禾铬污染湿地与无李氏禾铬污染湿地的相似度为 61.5%，可能是在李氏禾根际环境的作用影响下，微生物种群结构发生了变化。

表 7.8　样品中真菌的相似性系数 C_s　　单位：%

样品编号	1	2	3
1	100	61	62.6
2	61	100	61.5
3	62.6	61.5	100

样品中真菌的多样性指数见表 7.9。从表中可知，无李氏禾铬污染湿地的多样性指数最高，有李氏禾清洁湿地和有李氏禾铬污染湿地的多样性指数较低，可能是在 Cr（Ⅵ）的胁迫下，随着污染时间的推移，由于 Cr（Ⅵ）还原菌的作用土壤环境得到一定恢复，形成了新的微生物物种群落。

表 7.9 不同样品真菌的多样性指数

样品编号	H'	D	J'
1	2.523 496	0.869 02	0.774 531
2	2.813 195	0.912 87	0.804 573
3	2.842 077	0.910 472	0.827 632

选取图中的代表性条带 C、D、E、I、J、L、M、N、O，扩增鉴定真菌的 18S rDNA V3 区基因，并对其进行系列的测定，结果见表 7.10。

表 7.10 真菌测序结果

条带编号	测序结果	序列长度
C	GTGAGTCTCTACTTGCGACGGCTGGGCCGGCCTGTGCGTTTGCCTGCTTGCCCTGTTGTTTTCCCATTTTGAAGGTGCTATTCAAGCTGCTGGTGTGATTGACCTTCTGCTATTGTATTTTTATATCAAGTTTTGTTGATAAACTCCGAACTAATTGGTGCTTAAATCTGTAAAAACTTTCAAAAAAGGAGCTATTCGTTCGCGCATCCTTGACTCACATCTCTGAACAACGGAAAACTTGGCTCTCGCATCGATGAAAAACGCAGCA	268 bp
D	GAAAAATATCAACCCATGTGACCCTTTATCTCGTATGCTAATCGAGCCCGCTGTTGCTTAACGGCTTCACCAGCCAGGGTCCCAGCAAGTCAACTTGCAAGGATCACCCCTGGTGGCACGATTGGTGTATGCCCCCACACCGCTATCCATCGACACGTGCGTAAGCCGAACTGATGGTTGGCTACAAAACCAAAATCTGAAGTCAATGGGTGCTATTCTAATGGCCCCACTAACAAAGACAACTCTCAACAACGGATATCTTGGCTCTCGCATCGATGAGAAACGCAGCA	290 bp
E	GCGCCTGGCGGGCATGCCTGTCCGGTTACGTCCAGCCCCACTCCTCACCTTGCCTACTGCACCGTTTGTTGCTTCCTGGCGGCGGCGTCCCGCCGCCAGGGGCTTGTAAAAGCCTTGTATAAGCATTGATATCCTGATGTACACTAAATCATACAACTTTCAACAATGGATCTCTTGGTTCTGGCATAGATGAAGAACGCAGCA	204 bp
I	CTGACCTTTTATCTCGTATGCTAGTCTTTGCCCGCTGTTGTTTAACGGCTTCACCAGCTGGGTCCCAGCAGGTCAACTTGCTTGGATCACCCCTGGTGGCGCCTTGGCATGACTTTACCCCAGTGCTAACCACTGTTAAAACCAAAATCCGAAATTATGGTTGGCTACTAAACCAAAATCTTTCCCAAATGGGTGTTATTCTAATGGCCCCACTAACTCACACAACTCTCAACAACGGATAAATTGGCTCTCGCATCGATGAAGAACGCAGCA	273 bp

续表

条带编号	测序结果	序列长度
J	ATGTGAACCTCAACGTTCCGTGCCTTGGCTTGCCAGTGGGG CGTTCGGCTTAAAACCCGTTCGCATCTCACAGCTGGGCGGG CATTGCTGCCTGCTCAGTGGCGCCTTGGCATGACTATACACC AGTGCTAACCACTGTTAAAACTAAACTCTGAAGTTGTGATT GCTAGTAACTGGCAATCTTAACCAAAGACAACTCTCAACAA CGGATATCTTGGCTCTCGCATCGATGAAGAACGCAGCA	244 bp
L	CACGCACTCTTTTATTTGTGTACCGACTTTGTGTCGTGCACT AACCCGGGTTTGGCCTACCAACCTACACATGCCCCATTGAC CAACATTTGATTAAACCAAACTCTGAAGTTTCTTCTGCTGTT AATCTACAGTTTTAACGAAAACAACTCTCAACATCGGATATC TTGGCTCTCGCATCAATGAAGAACGCAGCA	197 bp
M	ATGTGAACCTCAACGTTCCGTGCCTTGGCTTGCCAGTGGGA CATTCGGCCAAAACCCGTTTGTACTCACAGCTGAGTGGGCA TTGCGACCTGCTCAGTGGCGCCTTGGCATGACTTTACACCA GTGCTAACCACTGTTAAAACCAAACTCTGAAGTATTGGTTG CTGGTAACTGGCAATCTTAACCAAAAACAACTCTCAACAAC GGATATCTTGGCTCTCGCATCGATGAAAAACGCAGCA	242 bp
N	ACACGCACTCTCTACTTGTGTCTGACGTTAGGTCAACATGC GCAAGCATGTGGCCTACTAACCTACACACCATTGACCAACC AATTATCAAACCAAACTCTGAAGCTTTGGCTGCTGTTAATCG GCAGTTTTAACAAAGAACAACTCTCAACAACGGATATCTTG GCTCTCGCATCGATGAAGAACGCAGC	191 bp
O	GTGAACCCTTTATCTCGTATGCTAATCGAGCCCGCTGTTGCT TAACGGCTTCAGCAGCCAGGGTCCGAGCAAGTCAACTTGC AAGGATCACCCCTGGTGGCACGATTGGTGTATGCCCCCACA CCGCTATCCATCGACACGTGCGTAAGCCGAACTGATGGTTG GCTACAAAACCAAAATCTGAAGTCAATGGGTGCTATTCTAAT GGCCCCACTAACAAAGACAACTCTCAACAACGGATATCTTG GCTCTCGCATCGATGAAGAACGCAGC	273 bp

将序列提交到 NCBI 数据库中，进行 BLAST 比对得到真菌 18S rRNA 基因比对信息，如表 7.11 所示。筛选到的菌株主要为孢霉属、薄膜革菌属。

表 7.11　分离得到的真菌 18S rRNA 基因比对信息

条带编号	亲缘序列及登录号	相似度 /%
C	*Draparnaldioides simplex* isolate 7Drp_sim7 internal transcribed spacer 1 and 5.8S ribosomal RNA gene（JX123273.1）	92
D	*Hydrodictyon reticulatum* 18S rRNA gene（partial），5.8S rRNA gene，28S rRNA gene（partial），ITS1 and ITS2（HE610123.1）	97
E	*Fungal endophyte* 18S rRNA gene（partial），ITS1，5.8S rRNA gene，ITS2 and 28S rRNA gene（FN394699.1）	90
I	Gracilaria corticata var. cylindrica 18S ribosomal RNA gene（EU937777.1）	93
J	*Scenedesmus* sp. Ki4 genes for ITS1（AB762691.1）	99
L	*Desmodesmus* sp. SGH-3 internal transcribed spacer 1（KF689567.1）	91
M	*Scenedesmus costatus* genes for ITS1（AB762692.1）	94
N	*Desmodesmus* sp. F51 internal transcribed spacer 1，5.8S ribosomal RNA gene（JQ867370.1）	98
O	*Hydrodictyon reticulatum* 18S rRNA gene（HE610123.1）	99

7.4.4　根际 Cr（Ⅵ）还原菌的鉴定

从李氏禾根际土壤中分离得到的微生物，经过高铬平板筛选，样品命名为“GG”。根据细胞形态（图 7.8）、生理生化数据（表 7.12）、16S rDNA 序列基因序列数据（图 7.5～图 7.7）等鉴定分析，GG 被鉴定为蜡状芽孢杆菌（*Bacillus cereus*）。

采用 MEGA4.1 软件得到菌株与相关种的 16S rDNA 系统发育树，仅取 Bootstrap 值大于 50% 的数值（图 7.6）。前面的微生物群落分析实验中，DGGE 图谱未回收到蜡状芽孢杆菌，可能是由于部分条带未明显分开，也有可能是蜡状芽孢杆菌虽然具有很强的耐 Cr（Ⅵ）能力，但是在湿地中并未形成优势菌群。

1	TATACATGCA AGTCGAGCGA ATGGATTAAG AGCTTGCTCT TATGAAGTTA GCGGCGGACG
61	GGTGAGTAAC ACGTGGGTAA CCTGCCCATA AGACTGGGAT AACTCCGGGA AACCGGGGCT
121	AATACCGGAT AACATTTTGA ACCGCATGGT TCGAAATTGA AAGGCGGCTT CGGCTGTCAC
181	TTATGGATGG ACCCGCGTCG CATTAGCTAG TTGGTGAGGT AACGGCTCAC CAAGGCAACG
241	ATGCGTAGCC GACCTGAGAG GGTGATCGGC CACACTGGGA CTGAGACACG GCCCAGACTC
301	CTACGGGAGG CAGCAGTAGG GAATCTTCCG CAATGGACGA AAGTCTGACG GAGCAACGCC
361	GCGTGAGTGA TGAAGGCTTT CGGGTCGTAA AACTCTGTTG TTAGGGAAGA ACAAGTGCTA
421	GTTGAATAAG CTGGCACCTT GACGGTACCT AACCAGAAAG CCACGGCTAA CTACGTGCCA
481	GCAGCCGCGG TAATACGTAG GTGGCAAGCG TTATCCGGAA TTATTGGGCG TAAAGCGCGC
541	GCAGGTGGTT TCTTAAGTCT GATGTGAAAG CCCACGGCTC AACCGTGGAG GGTCATTGGA
601	AACTGGGAGA CTTGAGTGCA GAAGAGGAAA GTGGAATTCC ATGTGTAGCG GTGAAATGCG
661	TAGAGATATG GAGGAACACC AGTGGCGAAG GCGACTTTCT GGTCTGTAAC TGACACTGAG
721	GCGCGAAAGC GTGGGGAGCA AACAGGATTA GATACCCTGG TAGTCCACGC CGTAAACGAT
781	GAGTGCTAAG TGTTAGAGGG TTTCCGCCCT TTAGTGCTGA AGTTAACGCA TTAAGCACTC
841	CGCCTGGGGA GTACGGCCGC AAGGCTGAAA CTCAAAGGAA TTGACGGGGG CCCGCACAAG
901	CGGTGGAGCA TGTGGTTTAA TTCGAAGCAA CGCGAAGAAC CTTACCAGGT CTTGACATCC
961	TCTGAAAACC CTAGAGATAG GGCTTCTCCT TCGGGAGCAG AGTGACAGGT GGTGCATGGT
1021	TGTCGTCAGC TCGTGTCGTG AGATGTTGGG TTAAGTCCCG CAACGAGCGC AACCCTTGAT
1081	CTTAGTTGCC ATCATTAAGT TGGGCACTCT AAGGTGACTG CCGGTGACAA ACCGGAGGAA
1141	GGTGGGGATG ACGTCAAATC ATCATGCCCC TTATGACCTG GGCTACACAC GTGCTACAAT
1201	GGACGGTACA AAGAGCTGCA AGACCGCGAG GTGGAGCTAA TCTCATAAAA CCGTTCTCAG
1261	TTCGGATTGT AGGCTGCAAC TCGCCTACAT GAAGCTGGAA TCGCTAGTAA TCGCGGATCA
1321	GCATGCCGCG GTGAATACGT TCCCGGGCCT TGTACACACC GCCCGTCACA CCACGAGAGT
1381	TTGTAACACC CGAAGTCGGT GGGGTAACC

图 7.5　菌株 GG 的 16S rDNA 序列

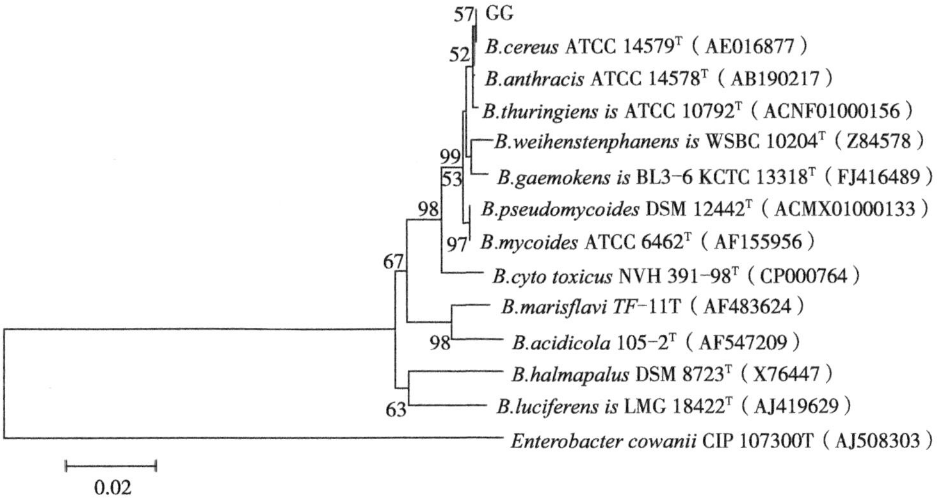

图 7.6　依据 16S rDNA 序列绘制的菌株的进化树

	1	2	3	4	5	6	7	8	9	10	11	12	13
1. GG													
2. Bacillus cereus ATCC 14579T(AE016877)	0.000												
3. Bacillus anthracis ATCC 14578T(AB190217)	0.001	0.001											
4. Bacillus thuringiensis ATCC 10792T(ACNF0	0.001	0.001	0.002										
5. Bacillus pseudomycoides DSM 12442T(ACMX0	0.004	0.004	0.003	0.005									
6. Bacillus mycoides ATCC 6462T(AF155956)	0.004	0.004	0.003	0.005	0.000								
7. Bacillus weihenstephanensis WSBC 10204T(	0.006	0.006	0.007	0.006	0.010	0.010							
8. Bacillus gaemokensis BL3-6 KCTC 13318T(F	0.009	0.009	0.010	0.008	0.008	0.008	0.009						
9. Bacillus cytotoxicus NVH 391-98T(CP00076	0.018	0.018	0.017	0.018	0.015	0.015	0.022	0.020					
10. Bacillus marisflavi TF-11T(AF483624)	0.034	0.034	0.033	0.034	0.031	0.031	0.038	0.033	0.039				
11. Bacillus halmapalus DSM 8723T(X76447)	0.042	0.042	0.041	0.042	0.041	0.041	0.046	0.044	0.046	0.042			
12. Bacillus acidicola 105-2T(AF547209)	0.038	0.038	0.037	0.038	0.035	0.035	0.044	0.038	0.039	0.020	0.050		
13. Bacillus luciferensis LMG 18422T(AJ41962	0.038	0.038	0.038	0.039	0.037	0.037	0.042	0.040	0.038	0.043	0.038	0.044	
14. Enterobacter cowanii CIP 107300T(AJ50830	0.217	0.217	0.218	0.218	0.220	0.220	0.219	0.220	0.214	0.225	0.221	0.219	0.222

图 7.7　菌株 GG 的 16S rDNA 序列同源性矩阵

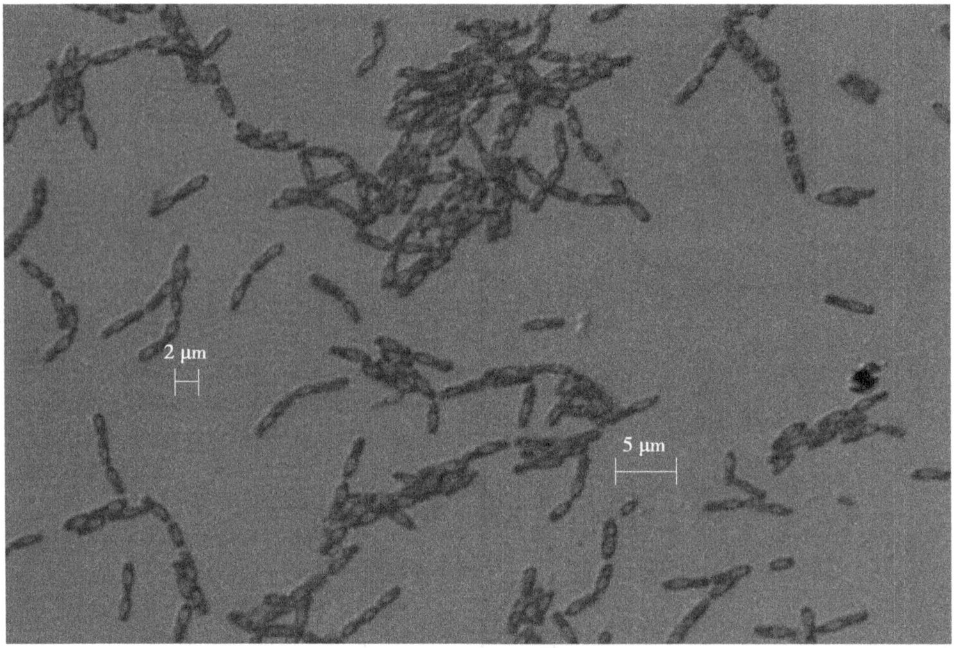

图 7.8　菌株 GG 的显微图

表 7.12　菌株 GG 理化试验结果

试验项目	结果	试验项目	结果	试验项目	结果	试验项目	结果
细胞形态	杆状	革兰氏染色	+	形成芽孢	+	接触酶	+
氧化酶	+	50℃生长	−	甲基红反应	+	硝酸盐还原	+
酪素水解	+	淀粉水解	+				
API 20E							
精氨酸双水解酶	+	β－半乳糖苷酶	−	赖氨酸脱羧酶	−	鸟氨酸脱羧酶	−
柠檬酸利用	+	H2S 产生	−	脲酶	−	吲哚产生	−
VP 反应	+	明胶水解	+				
BIOLOG GEN Ⅲ							
阴性对照	−	a-D- 葡萄糖	+	明胶	+	p- 羟基苯乙酸	−
甘氨酸 -L- 脯氨酸	−	D- 甘露糖	−	糊精	+	丙酮酸甲酯	+
D- 麦芽糖	w	D- 果糖	+	L- 丙氨酸	+	D- 乳酸甲酯	−
D- 海藻糖	+	D- 半乳糖	−	L- 精氨酸	w	L- 乳酸	+
3- 甲基 -D- 葡萄糖	−	D- 纤维二糖	−	L- 天冬氨酸	w	柠檬酸	−
龙胆二糖	−	D- 岩藻糖	−	L- 谷氨酸	w	α- 酮戊二酸	w
蔗糖	w	L- 岩藻糖	−	L- 组氨酸	+	D- 苹果酸	−
松二糖	−	L- 鼠李糖	−	L- 焦谷氨酸	w	L- 苹果酸	w
水苏糖	−	肌苷	−	L- 丝氨酸	+	溴代丁二酸	−
阳性对照	+	1% 乳酸钠	+	林可霉素	−	萘啶酸	w
pH 6.0	+	夫西地酸	−	盐酸胍	+	氯化锂	+
pH 5.0	−	D- 丝氨酸	+	十四烷硫酸钠	−	亚碲酸钾	+
D- 棉子糖	−	D- 山梨醇	−	果胶	+	吐温 40	−
α-D- 乳糖	−	D- 甘露醇	−	D- 半乳糖醛酸	−	γ- 氨基丁酸	−
D- 蜜二糖	−	D- 阿糖醇	−	L- 半乳糖酸内酯	−	α- 羟丁酸	w

续表

试验项目	结果	试验项目	结果	试验项目	结果	试验项目	结果
β－甲基－D－葡糖苷	w	肌醇	w	D－葡糖酸	+	D－水杨苷	w
β－羟基－D,L－丁酸	w	甘油	+	D－葡萄糖醛酸	w	α－丁酮酸	w
N－乙酰－D－葡糖胺	+	D－葡糖－6－磷酸	+	葡糖醛酰胺	w	乙酰乙酸	+
N－乙酰－β－D－甘露糖胺	－	D－果糖－6－磷酸	+	粘酸	－	丙酸	－
N－乙酰－D－半乳糖胺	－	D－天冬氨酸	－	奎宁酸	w	乙酸	w
N－乙酰神经氨酸	－	D－丝氨酸	+	糖质酸	－	甲酸	+
1% NaCl	+	醋竹桃霉素	－	万古霉素	－	氨曲南	+
4% NaCl	+	利福霉素 SV	－	四唑紫	－	丁酸钠	+
8% NaCl	+	二甲胺四环素	－	四唑蓝	－	溴酸钠	w

7.4.5 根际 Cr（Ⅵ）还原菌的还原能力

高浓度的铬污染一般采用传统方法就容易降低到一定质量浓度，但较低质量浓度的铬污染由于浓度低、分布广、处理效率低等特点往往是修复的难点。而超富集植物由于其对土壤中铬的吸收能力强，通常用于较低质量浓度的铬污染土壤修复。因此，在研究培养条件对根际 Cr（Ⅵ）还原菌 Cr（Ⅵ）去除率的影响时，重点考察低 Cr（Ⅵ）浓度对 Cr（Ⅵ）还原菌 Cr（Ⅵ）去除率的影响。综合考虑实验结果可知，李氏禾根际 Cr（Ⅵ）还原菌蜡状芽孢杆菌（*B. cereus*）Cr（Ⅵ）去除率的最佳培养条件：Cr（Ⅵ）初始质量浓度 60 mg/L、pH=7、接种量 10% 和培养温度 35℃，*B. cereus* 对低质量浓度 Cr（Ⅵ）去除效果很好。肖伟等（2007）研究认为 *B. cereus* 生长过程中产生的 Cr（Ⅵ）还原酶，通过将培养基的电子传递给 Cr（Ⅵ），从而还原 Cr（Ⅵ）消除其毒性，并达到增殖自身的目的。因此，*B. cereus* 只要有充足的营养条件，就可以有效地将 Cr(Ⅵ)还原，因而是一种廉价的 Cr(Ⅵ)生物治理手段。

从图 7.9 可以看出，当 pH = 7～9 时，Cr(Ⅵ)去除都能达到最佳效果，而当 pH = 5～6 时，Cr(Ⅵ)去除率明显下降，pH = 5 和 pH = 6 第 48 小时时分别仅为 67.13% 和 75.2%。因此，在中性或偏碱的环境下对菌株 Cr(Ⅵ)还原性有利。推测在偏酸性条件下 Cr(Ⅵ)的强氧化性作用会对菌株造成损害，影响其正常生长。另外，酸性条件下 Cr(Ⅵ)容易被还原并形成 Cr(Ⅲ)沉淀，这些也可能影响菌株对 Cr(Ⅵ)的还原。

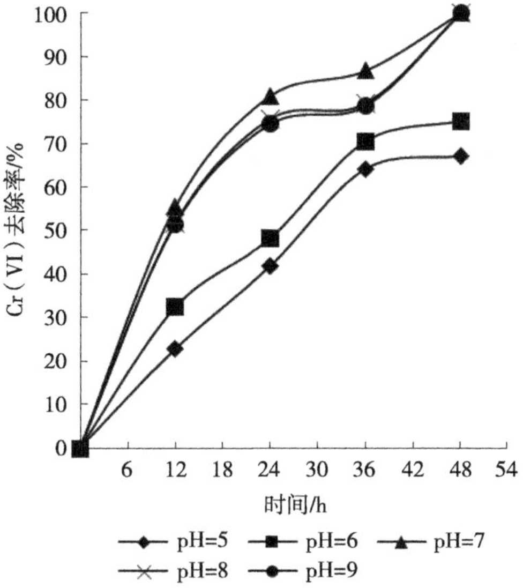

图 7.9　不同 pH 对菌株 Cr(Ⅵ)去除率的影响

Cr(Ⅵ)初始质量浓度对菌株的 48 h Cr(Ⅵ)去除率影响不大。较高 Cr(Ⅵ)初始质量浓度（80 mg/L 和 100 mg/L）下，0～24 h 的 Cr(Ⅵ)去除率远低于其他 3 组，24 h 后 Cr(Ⅵ)去除率迅速提升（图 7.10）。说明较高 Cr(Ⅵ)初始质量浓度可能会短时间内抑制菌株的生长，而随着菌株的繁殖和 Cr(Ⅵ)的还原，溶液中的 Cr(Ⅵ)质量浓度有效降低，达到了适宜菌株生长的质量浓度。而较低质量浓度（20 mg/L）下 Cr(Ⅵ)48 h 去除率没有达到 100%，可能是因为 Cr(Ⅵ)质量浓度太低不宜被菌株还原。

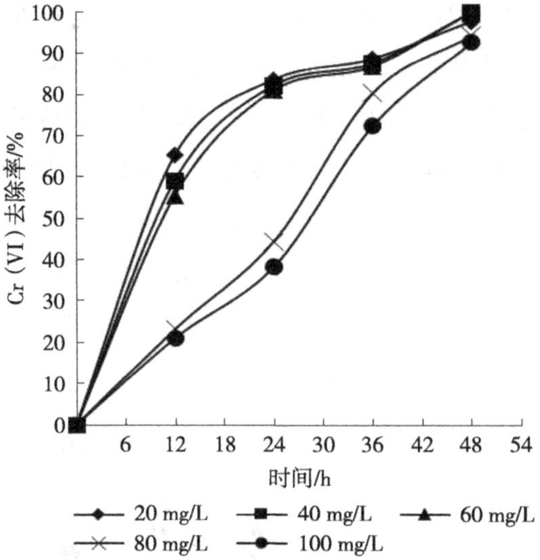

图 7.10　不同 Cr(Ⅵ)初始质量浓度对菌株 Cr(Ⅵ)去除率的影响

一般来说，温度会影响菌株的繁殖速度和酶的活性。由图 7.11 可知，温度的确对菌株的 Cr(Ⅵ)去除率有明显影响，前 24 h 尤其明显；推断李氏禾根际 Cr(Ⅵ)还原菌蜡状芽孢杆菌最适生长温度为 35～40℃。低温度下菌株繁殖慢，Cr(Ⅵ)还原酶活性低，因此要达到理想的去除效果需要延长处理时间。

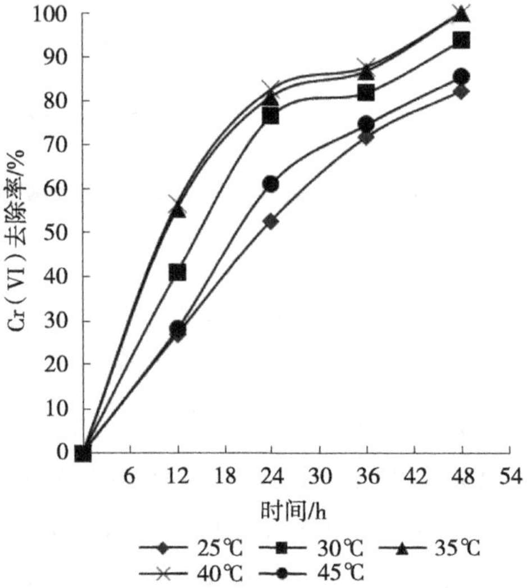

图 7.11　不同温度对菌株 Cr(Ⅵ)去除率的影响

接种量对菌株的生长繁殖和Cr(Ⅵ)去除率的影响也十分有限(图 7.12)。较低接种量(1% 和 5%)下，菌株前 24 h 的铬去除率明显低于高接种量，推测该菌株对数生长发生在 24 h 左右。高接种量下(15% 和 20%)，前期 Cr(Ⅵ)去除率很快，但由于接种密度过高，可能会出现营养竞争的现象，因此在 48 h 时 Cr(Ⅵ)去除率未达到 100%。

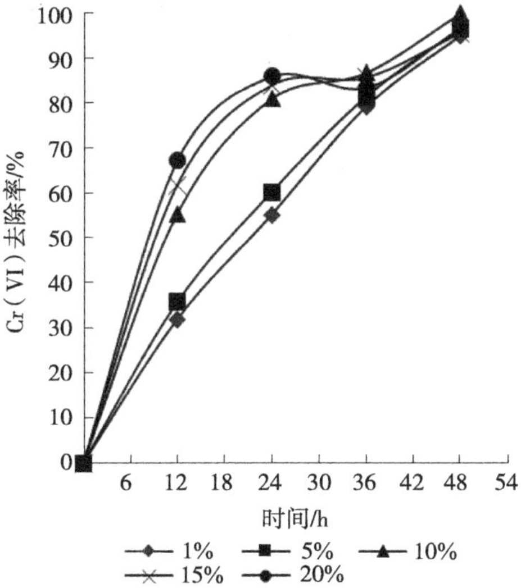

图 7.12　不同接种量对菌株 Cr(Ⅵ)去除率的影响

7.5　本章小结

(1)含湿地基质活菌的土样在 12h 时对 Cr(Ⅵ)的还原率为(76.52 ± 2.34)%，分别是高温灭菌土样和氯仿灭菌土样的 2.36 倍和 3.18 倍，活菌基质的土样对水中 Cr(Ⅵ)的去除能力显著高于灭菌的对照组，表明基质微生物在去除 Cr(Ⅵ)过程中发挥了重要作用。

(2)基质微生物的 PCR-DGGE 实验结果表明，有李氏禾铬污染土壤和无李氏禾铬污染湿地中微生物的群落结构与有李氏禾清洁湿地的土壤相比，生物多样性减少，优势群落发生了明显的变化。Cr(Ⅵ)污染土壤中的优势群落种类，部分为新物种群落，部分为对照土壤中的非优势菌群；污染前存在的一些物种在 Cr(Ⅵ)污染后消失。另一些耐铬的微生物逐渐发展为优势菌群。

（3）从李氏禾根际土壤中分离得到微生物，根据细胞形态、生理生化数据、16S rDNA 序列基因序列数据等鉴定分析，李氏禾根际 Cr(Ⅵ)菌还原菌被鉴定为蜡状芽孢杆菌（*Bacillus cereus*）。蜡状芽孢杆菌去 Cr(Ⅵ)的最佳培养条件：Cr(Ⅵ)初始质量浓度 60 mg/L、pH 为 7、接种量 10% 和培养温度 35℃。在适宜的条件下，蜡状芽孢杆菌能在 48 h 内将质量浓度 60 mg/L 的 Cr(Ⅵ)还原。蜡状芽孢杆菌对低质量浓度 Cr(Ⅵ)去除效果好、效率高，具有低质量浓度 Cr(Ⅵ)污染修复潜力。

第 8 章　主要结论、创新点与展望

8.1　主要结论

本书利用蔗渣为原料制备生物质炭，以添加 5% 蔗渣炭的沙壤土作为混合基质，构建李氏禾人工湿地，研究了混合基质和单一沙壤土基质李氏禾人工湿地系统在温室和冬季气候条件下对 Cr(Ⅵ)污染水体的净化效果。同时，以相同设计的无植物人工湿地作为对照，比较研究了 4 组湿地系统对 Cr(Ⅵ)的净化效果，并结合基质中的有机质含量和微生物数量，探讨了蔗渣炭和李氏禾在湿地系统中的作用。研究了铬在混合基质李氏禾人工湿地系统中的迁移转化和归宿，以及李氏禾凋落物对 Cr(Ⅵ)的吸附特征，分析了凋落物的分解动态及分解过程中铬的释放规律。研究了湿地中微生物的群落结构和变化特征，对根际 Cr(Ⅵ)还原菌进行筛选鉴定，研究了 Cr(Ⅵ)还原菌在不同条件下的还原效果。得到以下主要结论：

（1）沙壤土基质中添加 1%、2.5% 和 5.0% 的蔗渣炭后，不同培养时间下，基质 pH 均有小幅提升，随着施用量的增加而升高。基质的 pH 升高与蔗渣炭呈碱性有关，蔗渣炭中和了酸性物质从而提高基质的 pH。添加蔗渣炭可有效增加基质中的微生物数量，微生物菌落数量随着蔗渣炭的投加量增加而增加，说明蔗渣炭为微生物的生长提供适宜的场所和营养物质。

（2）当进水 Cr(Ⅵ)质量浓度为 5.00 mg/L、7.50 mg/L 和 10.0 mg/L 时，在温室条件下，蔗渣碳混合基质李氏禾人工湿地出水质量浓度分别为 0.023 mg/L、0.039 mg/L 和 0.118 mg/L，单一沙壤土基质李氏禾人工湿地出水 Cr(Ⅵ)质量浓度分别为 0.445 mg/L、0.902 mg/L 和 1.535 mg/L，去除率比前者低 8.44%、11.51% 和 13.78%；在冬季气候条件下，混合基质李氏禾人工湿地出水

Cr（Ⅵ）质量浓度分别为 0.032 mg/L、0.078 mg/L 和 0.360 mg/L，单一沙壤土基质李氏禾人工湿地出水 Cr（Ⅵ）质量浓度分别为 0.476 mg/L、0.937 mg/L 和 1.899 mg/L，去除率比前者低 8.88%、11.45% 和 15.39%。表明李氏禾人工湿地在温室条件和冬季气候条件下，均对含 Cr（Ⅵ）废水有较好地去除效果，添加蔗渣炭比不添加的李氏禾人工湿地表现出更好的净化能力。

（3）温室条件下，进水 Cr（Ⅵ）质量浓度为 5.00 mg/L 时，沙壤土基质李氏禾人工湿地出水中 Cr（Ⅵ）比无植物的对照湿地高出 39.82%，去除效果显著好于无植物的对照湿地；蔗渣炭混合基质李氏禾人工湿地出水中 Cr（Ⅵ）去除率比无植物的对照湿地高出 33.39%，去除效果显著好于无植物的对照湿地，表明种植李氏禾起到了提高湿地系统对 Cr（Ⅵ）去除效果的显著作用。添加 5% 蔗渣炭的李氏禾人工湿地的出水 Cr（Ⅵ）平均质量浓度为比未添加的湿地低 0.425 mg/L，去除率提高 8.50%，表明添加蔗渣炭提高了湿地系统对 Cr（Ⅵ）的净化能力，蔗渣炭起到了强化 Cr（Ⅵ）去除效果的作用。

（4）湿地系统在去除 Cr（Ⅵ）的过程中有机质在逐渐被消耗。无植物的蔗渣炭混合基质湿地比单一沙壤土基质湿地，有机质消耗率少 6.9%，说明蔗渣炭有利于减少有机质的消耗。种植李氏禾的蔗渣炭混合基质湿地比单一沙壤土基质的李氏禾人工湿地，有机质消耗率少 3.08%，表明添加蔗渣炭能有效促进植物生长和根系分泌物的产生，增加了基质中的有机质含量。种植李氏禾和添加蔗渣炭的湿地，细菌、真菌和放线菌的菌落数比对照组高，表明种植李氏禾和添加蔗渣炭，增加了基质中的有机质含量和微生物数量。

（5）进入蔗渣混合基质李氏禾人工湿地系统中的铬有 92.18% 被截留在基质中，说明基质在湿地系统去除 Cr（Ⅵ）过程中的贡献率最大。基质中的 Cr（Ⅲ）占 93.90%，而 Cr（Ⅵ）仅占 9.10%。XPS 分析进一步证明，基质表面同时吸附了 Cr（Ⅲ）和 Cr（Ⅵ），但主要以 Cr（Ⅲ）为主，且 Cr（Ⅲ）可能以氢氧化物的形式存在，表明基质在湿地系统去除 Cr（Ⅵ）过程中能有效地将 Cr（Ⅵ）还原成 Cr（Ⅲ）。FTIR 分析结果显示，基质表面的羧基与 Cr（Ⅲ）发生了配位作用，羟基、氨基、C=O、C—O、C—H 等基团参与了铬的吸附，表明有机质作为电子供体参与了基质对 Cr（Ⅵ）的还原。

（6）进入湿地系统中的铬仅有 6.67% 被李氏禾吸收，李氏禾植株中

Cr(Ⅵ)占 15.00%，Cr(Ⅲ)占 85.00%；根部中的 Cr(Ⅵ)占 17.12%，Cr(Ⅲ)占 82.88%，根部中的 Cr(Ⅲ)以氢氧化物的形式存在；李氏禾的茎部和叶部未检测到 Cr(Ⅵ)，叶部中的 Cr(Ⅲ)以有机酸结合态的形式存在，表明李氏禾在湿地系统去 Cr(Ⅵ)过程中能有效地将 Cr(Ⅵ)还原成 Cr(Ⅲ)。

（7）李氏禾凋落物对 Cr(Ⅵ)有一定的吸附效果，在吸附 Cr(Ⅵ)的过程中随着氧化还原反应的发生，有 Cr(Ⅲ)生成。0.5 g 的凋落物在温度为 25℃、pH=6.50 下对 50 mL 质量浓度为 2.5 mg/L Cr(Ⅵ)溶液的去除率为 59.28%，凋落物对 Cr(Ⅵ)的吸附量为 0.148 mg/g。但该吸附是一个缓慢的过程，吸附平衡时间为 120 h。随着 Cr(Ⅵ)初始质量浓度从 2.50 mg/L 增加到 15.0 mg/L，Cr(Ⅵ)的去除率从 59.28% 降低至 47.73%，凋落物对 Cr(Ⅵ)的吸附量从 0.148 mg/g 上升到 0.716 mg/g。凋落物对 Cr(Ⅵ)的吸附过程符合准一级动力学方程，等温吸附过程符合 Freundlich 吸附模型。

（8）微生物对凋落物的分解会造成铬的重新释放，凋落物在初始阶段快速分解，随后分解速率有所下降，分解 70 天失重率为 63.68%，仅有 11.95% 的铬被释放到溶液中，大部分的铬被凋落物所吸附。李氏禾凋落物在被微生物分解的过程中，被分解的 Cr(Ⅲ)大部分存在于湿地系统的固相中，只有小部分随出水被排放到外部环境中，说明是否移除李氏禾，对湿地系统对 Cr(Ⅵ)的去除效果影响不明显。

（9）含湿地基质活菌的土样在 12 h 时对 Cr(Ⅵ)的还原率为（76.52 ± 2.34）%，分别是高温灭菌土样和氯仿灭菌土样的 2.36 倍和 3.18 倍，活菌基质的土样对水中 Cr(Ⅵ)的去除能力显著高于灭菌的对照组，表明基质微生物在去除 Cr(Ⅵ)过程中发挥了重要作用。基质微生物的 PCR-DGGE 实验结果表明，有李氏禾铬污染湿地和无李氏禾铬污染湿地中微生物的群落结构与有李氏禾清洁湿地的土壤相比，生物多样性减少，优势群落发生了明显的变化。Cr(Ⅵ)污染土壤中的优势群落种类，部分为新物种群落，部分为对照土壤中的非优势菌群；污染前存在的一些物种在 Cr(Ⅵ)污染后消失，一些耐铬的微生物逐渐发展为优势菌群。

（10）从李氏根际土壤中筛选分离得到微生物，根据细胞形态、生理生化数据、16S rDNA 序列基因序列数据等鉴定分析，李氏禾根际 Cr(Ⅵ)还原菌被鉴定为蜡状芽孢杆菌（*Bacillus cereus*）。*B. cereus* 去除 Cr（Ⅵ）的最佳培养条件为 Cr（Ⅵ）初始质量浓度 60 mg/L、pH = 7、接种量 10% 和培养温度 35℃。在适宜的条件下，蜡状芽孢杆菌能在 48 h 内将质量浓度 60 mg/L 的 Cr（Ⅵ）还原，表明 *B. cereus* 对低质量浓度 Cr（Ⅵ）去除效果好、效率高，具有修复低质量浓度 Cr（Ⅵ）污染的潜力。

8.2 研究创新点

（1）人工湿地处理重金属是近几年研究的新方向，植物在人工湿地系统中发挥着重要的作用，人工湿地对 Cr 的去除效果却鲜见报道。本课题组在国内发现的首例铬超富集植物，对铬有很强的耐受性和富集能力，因此本书选用李氏禾构建的人工湿地净化 Cr（Ⅵ）污染水体具有原创性。

（2）探索将蔗渣炭作为人工湿地基质的改良剂，应用于李氏禾人工湿地处理含 Cr（Ⅵ）废水，以期提高李氏禾人工湿地对 Cr（Ⅵ）净化能力，拓展蔗渣炭在环境修复领域的应用，为蔗渣的资源化利用提供了新的途径。研究发现，添加蔗渣炭能显著提高基质中有机质含量和微生物数量，蔗渣炭混合基质李氏禾人工湿地对含 Cr（Ⅵ）废水的去除率比单一沙壤土基质明显提高，表明蔗渣炭能够有效提升李氏禾人工湿地的 Cr（Ⅵ）净化能力，是作为人工湿地基质改良剂的理想材料。

（3）以往的研究多把湿地系统作为"黑箱"处理，只注重进出水两端的变化，对污染物去除的机理缺乏认识。本课题组从 Cr 在湿地系统各介质中的迁移转化和归宿等方面进行研究，分析了李氏禾人工湿地系统对 Cr（Ⅵ）净化的关键生物地球化学过程，并且从生态学的角度，研究了基质、李氏禾和微生物等多个生态因素对湿地系统铬净化性能的影响，对理解湿地系统净化 Cr（Ⅵ）的机理，合理优化湿地系统提高铬净化效率等方面具有重要的意义。

8.3 展望

李氏禾是作为水陆两生的植物，在铬污染土壤和水体净化方面具有很好的应用潜力。虽然本书实验对两种基质李氏禾人工湿地去除水体 Cr（Ⅵ）的性能和机理做了研究，由于 Cr（Ⅵ）还原机制的复杂性，为更好地指导铬污染水体修复的技术应用，今后需要开展以下工作：

（1）本书仅研究了蔗渣炭投加量为 5% 的条件下，对李氏禾人工湿地净化水中 Cr（Ⅵ）的影响，蔗渣炭投加量关系到该技术的净化效果和建设成本，因此有必要进行不同投加量的对比研究，从技术经济的角度，确定蔗渣炭的最佳投加量。

（2）研究结果表明，蔗渣炭能够提高基质中有机质的含量和微生物的数量，从而提高李氏禾人工湿地对 Cr（Ⅵ）的净化效果。但是蔗渣炭在 Cr（Ⅵ）还原过程、微生物演替过程中的作用机理尚未完全明确，有必要继续研究蔗渣炭基质、微生物和李氏禾协同还原 Cr（Ⅵ）的机理。

（3）尽管发现了李氏禾人工湿地系统能将高毒性的 Cr（Ⅵ）还原成低毒性的 Cr（Ⅲ），但对 Cr（Ⅵ）还原的过程和机理仍缺乏认识，控制 Cr（Ⅵ）还原的关键因素有待进一步研究和明确。

（4）利用 PCR-DGGE 研究发现李氏禾人工湿地系统中微生物群落存在大量未培养的微生物，这些微生物中可能存在较多的铬还原菌，但通过常规分离手段无法获得这些微生物，需通过流式细胞仪对其群体特征进一步研究。

参考文献

安树青，2003. 湿地生态工程：湿地资源利用与保护的优化模式 [M]. 北京：北京化学工业出版社 .

陈金发，卿东红，阮尚全，2008. 组合人工湿地对渗滤液中重金属的去除 [J]. 水处理技术，(5): 57-58，66.

陈俊，王敦球，张学洪，等，2008. 李氏禾修复重金属（Cr、Cu、Ni）污染水体的潜力研究 [J]. 生态学报，27(4): 1514-1518.

陈淼，唐文浩，葛成军，等，2015. 蔗渣生物炭对砖红壤吸附氧氟沙星的影响 [J]. 环境工程学报，9(10): 8.

陈明利，张艳丽，吴晓芙，等，2008. 人工湿地植物处理含重金属生活废水的实验研究 [J]. 环境科学与技术，31(12): 164-168.

陈素华，孙铁珩，周启星，等，2002. 微生物与重金属间的相互作用及其应用研究 [J]. 应用生态学报，13(2): 239-242.

陈维新，1993. 农业环境保护 [M]. 北京：中国农业出版社 .

程嵩，2015. 玉米芯生物碳吸附水中 Cd^{2+} 的影响因素研究 [J]. 广州大学学报：自然科学版，14(4): 7.

戴宇，杨重法，郑袁明，2009. 土壤 - 植物系统中铬的环境行为及其毒性评价 [J]. 环境科学，30(11): 9.

杜敬霆，2015. 生物吸附与微生物降解对多溴联苯醚污染土壤和水体的修复研究 [D]. 杭州：浙江农林大学 .

范力，张建强，程新，等，2009. 离子交换法及吸附法处理含铬废水的研究进展 [J]. 水处理技术，35(1): 4.

高焕梅，孙燕，和林涛，2007. 重金属污染对土壤微生物种群数量及活性的影响 [J]. 江西农业学报，19(8): 3.

格鲁德娃，王荣生，李长根，2001. 含原油和有害重金属污水的生物净化 [J]. 国外金属矿选矿，38(11): 3.

郭沁林，2007. X 射线光电子能谱 [J]. 物理，36(5): 6.

国家环保总局，2005. 2005 年各工业行业环境统计表 [R].

韩志萍，张建梅，姜叶琴，等，2002. 植物整治技术在重金属废水处理中的应用 [J]. 环境科学与技术，(3): 46-48，51.
黄瑞光，2000. 五十年来我国电镀废水治理的回顾 [J]. 电镀与精饰，22(2): 4.
黄顺红，2009. 铬渣堆场铬污染特征及其铬污染土壤微生物修复研究 [D]. 长沙：中南大学 .
籍国东，孙铁珩，李顺，2002. 人工湿地及其在工业废水处理中的应用 [J]. 应用生态学报，13(2): 224-228.
揭诗琪，乔丽媛，李明明，等，2015. 改性生物质材料对 Cr(Ⅵ)的吸附性能 [J]. 中国有色金属学报，25(5): 8.
靳振江，刘杰，肖瑜，等，2011. 处理重金属废水人工湿地中微生物群落结构和酶活性变化 [J]. 环境科学，32(4): 8.
李传涵，王长荣，李明鹤，1991. 毛白杨、刺槐混交林丰产机理研究 [J]. 湖北林业科技，(1): 1-5.
李海涛，于贵瑞，李家永，等，2007. 亚热带红壤丘陵区四种人工林凋落物分解动态及养分释放 [J]. 生态学报，27(3): 11.
李建平，林庆宇，闫研，2008. 超积累植物李氏禾叶细胞干粉对 Cr(Ⅵ) 的吸附特性研究 [J]. 化学学报，66(23): 2646-2652.
李荣华，张增强，孟昭福，等，2009. 玉米秸秆对 Cr(Ⅵ)的生物吸附及热力学特征研究 [J]. 环境科学学报，(7): 8.
李杨瑞，杨丽涛，2009. 20 世纪 90 年代以来我国甘蔗产业和科技的新发展 [J]. 西南农业学报，(5): 281-288.
梁继东，周启星，孙铁珩，2003. 人工湿地污水处理系统研究及性能改进分析 [J]. 生态学杂志，22(2): 7.
梁美娜，王敦球，朱义年，等，2012. 甘蔗渣活性炭 / 纳米氧化铁对磷的吸附作用 [J]. 环境化学，31(8): 2.
梁美娜，朱义年，刘辉利，等，2010. 蔗渣吸附剂的制备及其对氨氮的吸附研究 [J]. 环境科学与技术，(6): 6.
刘卫国，张新申，刘明华，2001. 制革工业中铬污染及防治 [J]. 皮革科学与工程，11(3): 1-6，11.
马莉媛，童行伟，2012. 广西糖产量的分析与预测 [J]. 北京师范大学学报：自然科学版，48(4): 4.
马叶，刘斌，孙楠，等，2014. 改性活性炭对水中铬离子（ Ⅵ ）的吸附性能 [J]. 环境工程学报 (7): 5.
马悦欣，Holmstrm C，Webb J，等，2003. 变性梯度凝胶电泳（DGGE）在微生物生态学中的应用 [J]. 生态学报，23(8): 1561-1569.
缪绅裕，陈桂珠，黄玉山，等，1999. 模拟试验初探秋茄湿地系统中锌的分配与土壤容量 [J]. 应用与环境生物学报，5(1): 3.

任文雅，孙宝国，廖永红，等，2010. 浑浊米醋 *Bacillus subtilis* 分离鉴定及灭菌条件研究 [J]. 食品科技，(12): 6.
孙和和，刘鹏，蔡妙珍，等，2008. 垂直流－水平潜流复合人工湿地深度处理电镀废水的效果 [J]. 生态环境，17(1): 6.
孙杰，齐国超，于晓中，等，2007. 镀锡钢板铬酸盐钝化膜中铬的 X 射线光电子能谱分析 [J]. 冶金分析，27(1): 4.
孙琴，王晓蓉，丁士明，2005. 超积累植物吸收重金属的根际效应研究进展 [J]. 生态学杂志，24(1): 7.
谭长银，刘春平，周学军，等，2003. 湿地生态系统对污水中重金属的修复作用 [J]. 水土保持学报，17(4): 67-70.
汤克勇，1997. 铬的污染源及其危害 [J]. 皮革科学与工程，7(1): 6.
唐述虞，吴博成，1993. 金属矿酸性废水的湿地生态工程处理研究 [J]. 中国环境科学，13(5): 5.
陶笈汛，张学洪，罗昊，等，2010. 李氏禾对电镀污泥污染土壤中铬铜镍的吸收和积累 [J]. 桂林理工大学学报，30(1): 144-147.
田荟琳，付丽红，2010. 草酸与铬配位影响因素 [J]. 皮革科学与工程，(3): 5.
王保军，杨惠芳，1996. 微生物与重金属的相互作用 [J]. 重庆环境科学，(1): 35-38，57.
王娇娜，贺欢，李秀艳，等，2015. PA6@LDH 纳米纤维膜的制备及其除 Cr（Ⅵ）性能的研究 [J]. 高分子学报，(7): 8.
王瑾，黄建辉，2001. 暖温带地区主要树种叶片凋落物分解过程中主要元素释放的比较 [J]. 植物生态学报，25(3): 375-380.
王开峰，彭娜，涂常青，等，2010. 典型农业废弃物对水中 Cr（VI）的吸附特性研究 [J]. 水处理技术，36(5): 5.
王庆伟，柴立元，王云燕，等，2008. 锌冶炼含汞污酸生物制剂处理新技术 [J]. 中国有色金属学报，18(E01): 6.
魏春梅，王晨丽，谷晋川，等，2014. 改性活性炭对水中 Cr^{6+} 的吸附热力学研究 [J]. 离子交换与吸附，30(2): 6.
吴启堂 . 1993. 根系分泌物对镉生物有效性的影响 [J]. 土壤，25(5): 3.
吴振斌，陈辉蓉，贺锋，等，2001a. 人工湿地系统对污水磷的净化效果 [J]. 水生生物学报，22(5): 45-49.
吴振斌，任明迅，付贵萍，等，2001b. 垂直流人工湿地水力学特点对污水净化效果的影响 [J]. 环境科学，22(5): 5.
夏汉平，2002. 人工湿地处理污水的机理与效率 [J]. 生态学杂志，21(4): 9.
肖和友，黎蕾，陈香碧，等，2016. 广西蔗渣炭和玉米秸秆炭对水体中氨氮的吸附性能与比较 [J]. 农业现代化研究，37(2): 6.

肖轲，徐夫元，降林华，等，2016. 含 Cr(Ⅵ)废水处理研究进展 [J]. 北京师范大学学报：自然科学版，52(1): 7.

肖伟，王磊，张思维，等，2007. 六价铬还原细菌 *Bacillus cereus* S5.4 的筛选鉴定及还原特性研究 [J]. 工业微生物，(6): 1-6.

许桂苹，王晓飞，魏萌萌，等，2016. 蔗渣生物质炭对蔗田土壤理化性质的影响 [J]. 甘蔗糖业，(4): 7.

薛鸿庆，1981. 电子顺磁共振 [J]. 自然杂志，(12): 54-58.

阳承胜，蓝崇钰，2000. 宽叶香蒲人工湿地对铅 / 锌矿废水净化效能的研究 [J]. 深圳大学学报：理工版，17(2): 7.

杨昌凤，黄淦泉，宋文初，等，1991. 模拟人工湿地处理污水的试验研究 [J]. 应用生态学报，2(4): 350-354.

杨金燕，杨肖娥，何振立，等，2005. 土壤中铅的吸附 - 解吸行为研究进展 [J]. 生态环境学报，14(1): 102-107.

曾君丽，2012. 新型耦合工艺处理低浓度含 Cr(Ⅵ) 废水及资源化的研究 [D]. 广州：华南理工大学 .

张鸿，吴振斌，1999. 两种人工湿地中氮、磷净化率与细菌分布关系的初步研究 [J]. 华中师范大学学报：自然科学版，33(4): 4.

张小庆，王文洲，王卫，2004. 含铬废水的处理方法 [J]. 环境科学与技术，27(8): 111-113.

张学洪，罗亚平，黄海涛，等，2006. 一种新发现的湿生铬超积累植物——李氏禾(*Leersia hexandra* Swartz) [J]. 生态学报，26(3): 4.

招文锐，杨兵，朱新民，等，2001. 人工湿地处理凡口铅锌矿金属废水的稳定性分析 [J]. 生态科学 (4): 5.

中国科学院植物研究所，1975. 中国高等植物图鉴（第四册）[M]. 北京：科学出版社 .

中华人民共和国环境保护部，2011. 中国环境统计年报 2010[M]. 北京：中国环境科学出版社 .

周琳，张晓君，李国勋，等，2006. DGGE/TGGE 技术在土壤微生物分子生态学研究中的应用 [J]. 生物技术通报，(5): 67-71.

周元清，李秀珍，李淑英，等，2011. 不同类型人工湿地微生物群落的研究进展 [J]. 生态学杂志，30(6): 7.

朱丽霞，章家恩，刘文高，2003. 根系分泌物与根际微生物相互作用研究综述 [J]. 生态环境，12(1): 4.

Ackerley D F, Gonzalez C F, Keyhan M, et al., 2010. Mechanism of chromate reduction by the Escherichia coli protein, NfsA, and the role of different chromate reductases in minimizing oxidative stress during chromate reduction [J]. Environmental Microbiology, 6(8): 851-860.

Ansola G, González J, Cortijo R, et al., 2003. Experimental and full-scale pilot plant constructed wetlands for municipal wastewaters treatment [J]. Ecological Engineering, 21(1): 43-52.

Azargohar R, Dalai A K, 2006. Biochar as a precursor of activated carbon [J]. Applied Biochemistry and Biotechnology, 131(1-3): 762-773.

Azargohar R, Dalai A K, 2008. Steam and KOH activation of biochar: Experimental and modeling studies [J]. Microporous and Mesoporous Materials, 110(2-3): 413-421.

Babatunde A O, Zhao Y Q, O'Neill M, et al., 2008. Constructed wetlands for environmental pollution control: A review of developments, research and practice in Ireland [J]. Environment International, 34(1): 116-126.

Baker A, Brooks R R, 1989. Terrestrial higher plants which hyperaccumulate metallic elements-A review of their distribution, ecology and phytochemistry [J]. Biorecovery, 81-126.

Bansal M, Singh D, Garg V K, 2009. A comparative study for the removal of hexavalent chromium from aqueous solution by agriculture wastes' carbons [J]. Journal of Hazardous Materials, 171(1): 83-92.

Barrera-Díaz C E, Lugo-Lugo V, Bilyeu B, 2012. A review of chemical, electrochemical and biological methods for aqueous Cr(Ⅵ) reduction [J]. Journal of Hazardous Materials, 223(2): 1-12.

Bartlett R J, Kimble J M, 1976. Behavior of chromium in soils: I. Trivalent forms [J]. Journal of Environmental Quality, 5(4): 379-383.

Belaiba F, Meniai A H, Bencheikh-Lehocine M, et al., 2004. A macroscopic study of the retention capacity of copper b polyaniline coated onto silica gel and natural solid materials [J]. Desalination, 166: 371-377.

Blowes D, 2002. Environmental chemistry. Tracking hexavalent Cr in groundwater [J]. Science, 295(5562): 2024-2025.

Brisson J, Chazarenc F, 2009. Maximizing pollutant removal in constructed wetlands: Should we pay more attention to macrophyte species selection? [J]. Science of the Total Environment, 407(13): 3923-3930.

Broadway A, Cave M R, Wragg J, et al., 2010. Determination of the bioaccessibility of chromium in Glasgow soil and the implications for human health risk assessment [J]. Science of the Total Environment, 409(2): 267-277.

Bryan G W, Langston W J, 1992. Bioavailability, accumulation and effects of heavy metals in sediments with special reference to United Kingdom estuaries: A review [J]. Environmental Pollution, 76(2): 89-131.

Ca cador I, Vale C, Catarino F, 1996. Accumulation of Zn, Pb, Cu, Cr and Ni in sediments between roots of the Tagus Estuary Salt Marshes, Portugal [J]. Estuarine, Coastal and Shelf Science, 42(3): 393-403.

Cánovas C, Olías M, Nieto J M, et al., 2007. Hydrogeochemical characteristics of the Tinto and Odiel Rivers (SW Spain). Factors controlling metal contents [J]. Science of the Total Environment, 373(1): 363-382.

Cantrell K B, Hunt P G, Uchimiya M, et al., 2012. Impact of pyrolysis temperature and manure source on physicochemical characteristics of biochar [J]. Bioresource Technology, 107: 419-428.

Cao X, Harris W, 2010. Properties of dairy-manure-derived biochar pertinent to its potential use in remediation [J]. Bioresource Technology, 101(14): 5222-5228.

Chandra R, Yadav S, Bharagava R N, et al., 2008. Bacterial pretreatment enhances removal of heavy metals during treatment of post-methanated distillery effluent by *Typha angustata* L [J]. Journal of Environmental Management, 88(4): 1016-1024.

Chen B, Chen Z, 2009. Sorption of naphthalene and 1-naphthol by biochars of orange peels with different pyrolytic temperatures [J]. Chemosphere, 76(1): 127-133.

Chen B, Chen Z, Lv S, 2011a. A novel magnetic biochar efficiently sorbs organic pollutants and phosphate [J]. Bioresource Technology, 102(2): 716-723.

Chen B, Yuan M, Qian L, 2012. Enhanced bioremediation of PAH-contaminated soil by immobilized bacteria with plant residue and biochar as carriers [J]. Journal of Soils and Sediments, 12(9): 1350-1359.

Chen B, Zhou D, Zhu L, 2008. Transitional adsorption and partition of nonpolar and polar aromatic contaminants by biochars of pine needles with different pyrolytic temperatures [J]. Environmental Science and Technology, 42(14): 5137-5143.

Chen X, Lam K F, Yeung K L, 2011b. Selective removal of chromium from different aqueous systems using magnetic MCM-41 nanosorbents [J]. Chemical Engineering Journal, 172(2–3): 728-734.

Cheng S, Grosse W, Karrenbrock F, et al., 2002. Efficiency of constructed wetlands in decontamination of water polluted by heavy metals [J]. Ecological Engineering, 18(3): 317-325.

Chun Y, Sheng G, Chiou C T, et al., 2004. Compositions and sorptive properties of crop residue-derived chars [J]. Environmental Science and Technology, 38(17): 4649.

Corradi M G, Gorbi G, 1993. Chromium toxicity on two linked trophic levels. II. Morphophysiological effects on Scenedesmus acutus [J]. Ecotoxicology and Environmental Safety, 25(1): 72-78.

Daneshvar N, Salari D, Aber S, 2002. Chromium adsorption and Cr(Ⅵ) reduction to trivalent chromium in aqueous solutions by soya cake [J]. Journal of Hazardous Materials, 94(1): 49-61.

Darrah P R, 1991. Models of the rhizosphere [J]. Plant and Soil, 138(2): 147-158.

Deng B, Stone A T, 1996. Surface-catalyzed Chromium (Ⅵ) reduction: Reactivity comparisons of different organic reductants and different oxide surfaces [J]. Environmental Science and

Technology, 30(8): 2484-2494.

Dupont L, Guillon E, 2003. Removal of hexavalent chromium with a lignocellulosic substrate extracted from wheat bran [J]. Environmental Science and Technology, 37(18): 4235-4241.

Fibbi D, Doumett S, Colzi I, et al., 2011. Total and hexavalent chromium removal in a subsurface horizontal flow (h-SSF)constructed wetland operating as post-treatment of textile wastewater for water reuse [J]. Water Science and Technology A Journal of the International Association on Water Pollution Research, 64(4): 826-831.

Figueira M M, Volesky B, Mathieu H J, 1999. Instrumental analysis study of iron species biosorption by Sargassum biomass [J]. Environmental Science and Technology, 33(11): 1840-1846.

Gadd G M, Fry J C, Gadd G M, et al., 1992. Microbial control of heavy metal pollution [M]. Cambridge: Cambridge University Press.

Galletti A, Verlicchi P, Ranieri E, 2010. Removal and accumulation of Cu, Ni and Zn in horizontal subsurface flow constructed wetlands: Contribution of vegetation and filling medium [J]. Science of the Total Environment, 408(21): 5097-5105.

Gersberg R M, Lyon S R, Elkins B V, et al., 1984. Removal of heavy metals by artificial wetlands[J]. Proeeedings Water Reuse SymPosium, 2: 639-640.

Glaser B, Haumaier L, Guggenberger G, et al., 1998. Black carbon in soils: the use of benzenecarboxylic acids as specific markers [J]. Organic Geochemistry, 29(4): 811-819.

Glaser B, Parr M, Braun C, et al., 2009. Biochar is carbon negative [J]. Nature Geoscience, 2(1): 2.

Grant A, Batty L C, Hallberg K B, 2010. Detecting ecological effects of pollutants in the aquatic environment [M]. Cambridge: Cambridge University Press.

Guittonny-Philippe A, Masotti V, Hohener P, et al., 2014. Constructed wetlands to reduce metal pollution from industrial catchments in aquatic Mediterranean ecosystems: A review to overcome obstacles and suggest potential solutions [J]. Environment International, 64: 1-16.

Hadad H R, Maine M A, Bonetto C A, 2006. Macrophyte growth in a pilot-scale constructed wetland for industrial wastewater treatment [J]. Chemosphere, 63(10): 1744-1753.

Hallberg K, Johnson D, 2005. Microbiology of a wetland ecosystem constructed to remediate mine drainage from a heavy metal mine [J]. Science of the Total Environment, 338(1-2): 53-66.

Han F X, Sridhar B, Su M Y, 2004. Phytoavailability and toxicity of trivalent and hexavalent chromium to Brassica juncea [J]. New Phytologist, 162(2): 489-499.

Hans B, 1994. Use of constructed wetlands in water-pollution control - historical development, present status, and future perspectives [J]. Water Quality International, 4(8): 209-223.

Howe J A, Loeppert R H, Derose V J, et al., 2003. Localization and speciation of chromium in subterranean clover using XRF, XANES, and EPR spectroscopy [J]. Environmental Science and Technology, 37(18): 4091-4097.

Huang G, Shi J X, Langrish T, 2009. Removal of Cr(Ⅵ) from aqueous solution using activated carbon modified with nitric acid [J]. Chemical Engineering Journal, 152(2-3): 434-439.

Jain M, Garg V K, Kadirvelu K, 2010. Adsorption of hexavalent chromium from aqueous medium onto carbonaceous adsorbents prepared from waste biomass [J]. Journal of Environmental Management, 91(4): 949-957.

Jaroo S S, Jumaah G F, Abbas T R, 2019. Photosynthetic microbial desalination cell to treat oily wastewater using microalgae Chlorella vulgaris [J]. Civil Engineering Journal, 5(12): 2686-2699.

Jenssen P D, Maehlum T, Krogstad T, 1993. Potential use of constructed wetlands for wastewater treatment in northern environments [J]. Water Science and Technology, 28(10): 149-157.

Juan, BarcelóCharlotte, Poschenrieder, 2011. Erratum to: Hyperaccumulation of trace elements: from uptake and tolerance mechanisms to litter decomposition; selenium as an example [J]. Plant and Soil, 341: 31-35.

Keiluweit M, Nico P S, Johnson M G, et al., 2010. Dynamic molecular structure of plant biomass-derived black carbon (biochar)[J]. Environmental Science and Technology, 44(4): 1247-1253.

Khan S, Ahmad I, Shah M T, et al., 2009. Use of constructed wetland for the removal of heavy metals from industrial wastewater [J]. Journal of Environmental Management, 90(11): 3451-3457.

Knight R L, Jr V, Borer R E, et al., 2000. Constructed wetlands for livestock wastewater management [J]. Ecological Engineering, 15(1-2): 41-55.

Kota J, Stasicka Z, 2000. Chromium occurrence in the environment and methods of its speciation [J]. Environmental Pollution, 107(3): 263-283.

Krishnamurthy S, Wilkens M M, 1989. Environmental chemistry of chromium [J]. Science of the Total Environment, 86(1): 15-23.

Kurkdjian A, Guern J, 1989. Intracellular pH: Measurement and importance in cell activity [J]. Annual Review of Plant Biology, 40(1): 271-303.

Lehmann J, Liang B, Solomon D, et al., 2005. Near-edge X-ray absorption fine structure (NEXAFS)spectroscopy for mapping nano-scale distribution of organic carbon forms in soil: Application to black carbon particles [J]. Global Biogeochemical Cycles, 19(1): B1013.

Lehmann J, Silva J P d, Steiner C, et al., 2003. Nutrient availability and leaching in an archaeological Anthrosol and a Ferralsol of the Central Amazon basin: Fertilizer, Manure and Charcoal Amendments [J]. Plant and Soil, 249(2).

Li X, Zhu W, Meng G, et al., 2020. Efficiency and kinetics of conventional pollutants and tetracyclines removal in integrated vertical-flow constructed wetlands enhanced by aeration [J]. Journal of Environmental Management, 273: 111120.

Lim S F, Zheng Y M, Zou S W, et al., 2008. Characterization of copper adsorption onto an alginate encapsulated magnetic sorbent by a combined FT-IR, XPS, and mathematical modeling study [J]. Environmental Science and Technology, 42(7): 2551.

Liu J G, Guang-Hui L I, Shao W C, et al., 2010. Variations in uptake and translocation of copper, chromium and nickel among nineteen wetland plant species [J]. Pedosphere, 20(1): 96-103.

Liu J, Duan C, Zhang X, et al., 2011. Potential of Leersia hexandra Swartz for phytoextraction of Cr from soil [J]. Journal of Hazardous Materials, 188(1): 85-91.

Liu J, Yuan D, Hai X, et al., 2007. Accumulation of Cd, Pb and Zn by 19 wetland plant species in constructed wetland [J]. Journal of Hazardous Materials, 147(3): 947-953.

Liu K J, Jiang J J, Shi X L, et al., 1995. Low-frequency EPR study of Chromium(Ⅴ) formation from Chromium(Ⅵ) in living plants [J]. Biochemical and Biophysical Research Communications, 206(3): 829-834.

Maine M A, Sune N, Hadad H, et al., 2007. Removal efficiency of a constructed wetland for wastewater treatment according to vegetation dominance [J]. Chemosphere, 68(6): 1105-1113.

Makos J D, Hrncir D C, 1995. Chemistry of Cr(Ⅵ) in a constructed wetland [J]. Environmental Science and Technology, 29(9): 2414.

Maneechakr P, Karnjanakom S, 2017. Adsorption behaviour of Fe(Ⅱ) and Cr(Ⅵ) on activated carbon: Surface chemistry, isotherm, kinetic and thermodynamic studies [J]. The Journal of Chemical Thermodynamics, 106: 104-112.

Mant C, Costa S, Williams J, et al., 2006. Phytoremediation of chromium by model constructed wetland [J]. Bioresource Technology, 97(15): 1767-1772.

Marchand L, Mench M, Jacob D L, et al., 2010. Metal and metalloid removal in constructed wetlands, with emphasis on the importance of plants and standardized measurements: A review [J]. Environmental Pollution, 158(12): 3447-3461.

Marris E, 2006. Putting the carbon back: black is the new green [J]. Nature, 442(7103): 624-626.

Martin M H, Marschner H, 1988. Mineral nutrition of higher plants [J]. Journal of Ecology, 76(4): 1250.

Mays P A, Edwards G S, 2001. Comparison of heavy metal accumulation in a natural wetland and constructed wetlands receiving acid mine drainage [J]. Ecological Engineering, 16(4): 487-500.

Mckendry P, 2002. Energy production from biomass (Part 1): Overview of biomass [J]. Bioresource Technology, 83(1): 37-46.

Micera G, Dessì A, 1988. Chromium adsorption by plant roots and formation of long-lived Cr(V) species: An ecological hazard? [J]. Journal of Inorganic Biochemistry, 34(3): 157-166.

Moayedi A, Ya Rgholi B, Pazira E, et al., 2019. Investigated of desalination of saline waters by using Dunaliella Salina Algae and its effect on water ions [J]. Civil Engineering Journal, 5(11):

2450–2460.

Modenes A N, Oliveira A D, Espinoza-Quinones F R, et al., 2017. Study of the involved sorption mechanisms of Cr(Ⅵ) and Cr(Ⅲ) species onto dried Salvinia auriculata biomass [J]. Chemosphere, 172(APR): 373.

Mohan D, Pittman C U, 2006. Activated carbons and low cost adsorbents for remediation of tri- and hexavalent chromium from water [J]. Journal of Hazardous Materials, 137(2): 762–811.

Mu C, Wang L, Wang L, 2020. Performance of lab-scale microbial fuel cell coupled with unplanted constructed wetland for hexavalent chromium removal and electricity production [J]. Environmental Science and Pollution Research, 27(20): 25140–25148.

Mungur A S, Shutes R, Revitt D M, et al., 1997. An assessment of metal removal by a laboratory scale wetland [J]. Water Science and Technology, 35(5): 125–133.

Mustafa A, Scholz M, Harrington R, et al., 2009. Long-term performance of a representative integrated constructed wetland treating farmyard runoff [J]. Ecological Engineering, 35(5): 779–790.

Noller B N, Woods P H, Ross B J, 1994. Case studies of wetland filtration of mine waste water in constructed and naturally occurring systems in northern Australia [J]. Water Science and Technology, 29(4): 257–265.

Obarska-Pempkowiak H, Klimkowska K, 1999. Distribution of nutrients and heavy metals in a constructed wetland system [J]. Chemosphere, 39(2): 303–312.

Ostroumov S A, 2004. On the biotic self-purification of aquatic ecosystems: elements of the theory [J]. Doklady Biological Sciences, 396(1–6): 206–211.

Otte M L, Kearns C C, Doyle M O, 1995. Accumulation of arsenic and zinc in the rhizosphere of wetland plants [J]. Bulletin of Environmental Contamination and Toxicology, 55(1): 154–161.

Park D, Lim S R, Yun Y S, et al., 2008. Reliable evidences that the removal mechanism of hexavalent chromium by natural biomaterials is adsorption-coupled reduction [J]. Chemosphere, 70(2): 298–305.

Park Y, 2008. XAS and XPS studies on chromium-binding groups of biomaterial during Cr(Ⅵ) biosorption [J]. Journal of Colloid and Interface Science, 317(1): 54–61.

Rai U N, Tripathi R D, Kumar N, 1992. Bioaccumulation of chromium and toxicity on growth, photosynthetic pigments, photosynthesis, nitrate reductase activity and protein content in a Chlorococcalean green alga Itzigsohn [J]. Chemosphere, 25(11): 1721–1732.

Ramírez P, Barrera G, Rosas C, 1990. Effects of chromium and cadmium upon respiration and survival of Callinectes similis [J]. Bulletin of Environmental Contamination and Toxicology, 43(6): 850–857.

Renner R, 2007. Rethinking biochar [J]. Environmental Science and Technology, 41(17): 5932.

Simon P, Bui N, Dabosi F, et al., 1994. X-ray photoelectronspectroscopy study of passive layers formed on lead-tin alloys [J]. Journal of Power Sources, 52(1): 31-39.

Sistani K R, Mays D A, Taylor R W, 1999. Development of natural conditions in constructed wetlands: Biological and chemical changes [J]. Ecological Engineering, 12(1-2): 125-131.

Smith I D, Bis G N, Lemon E R, et al., 1997. A thermal analysis of a sub-surface, vertical flow constructed wetland [J]. Water Science and Technology, 35(5): 55–62.

Song X, Yan D, Liu Z, et al., 2011. Performance of laboratory-scale constructed wetlands coupled with micro-electric field for heavy metal-contaminating wastewater treatment [J]. Ecological Engineering, 37(12): 2061-2065.

Spokas L A, Veneman P, Simkins S C, et al., 2010. Performance evaluation of a constructed wetland treating high-ammonium primary domestic wastewater effluent [J]. Water Environment Research, 82(7): 592.

Srivastava P, Abbassi R, Garaniya V, et al., 2020. Performance of pilot-scale horizontal subsurface flow constructed wetland coupled with a microbial fuel cell for treating wastewater [J]. Journal of Water Process Engineering, 33: 100994.

Stottmeister U, Wießner A, Kuschk P, et al., 2003. Effects of plants and microorganisms in constructed wetlands for wastewater treatment [J]. Biotechnology Advances, 22(1): 93-117.

Ting Y P, Prince I G, F L, 1991. Uptake of cadmium and zinc by the alga Chlorella vulgaris: II. Multi-ion situation [J]. Biotechnology and Bioengineering, 37(5): 445-455.

Truu M, Juhanson J, Truu J, 2009. Microbial biomass, activity and community composition in constructed wetlands [J]. Science of the Total Environment, 407(13): 3958-3971.

Viamajala S, Peyton BM, Sani RK et al., 2004. Toxic effects of chromium(Ⅵ) on anaerobic and aerobic growth of Shewanella oneidensis MR-1[J]. Biotechnology Progress, 20(1):87-95.

Walker D J, Hurl S, 2002. The reduction of heavy metals in a stormwater wetland [J]. Ecological Engineering, 18(4): 407-414.

Wang H, Tian Z, Jiang L, et al., 2016. Highly efficient adsorption of Cr(Ⅵ) from aqueous solution by Fe^{3+} impregnated biochar [J]. Journal of Dispersion Science and Technology, 38(6): 815-825.

Wang L, Xu D, Zhang Q, et al., 2022. Simultaneous removal of heavy metals and bioelectricity generation in microbial fuel cell coupled with constructed wetland: an optimization study on substrate and plant types [J]. Environmental Science and Pollution Research, 29(1): 768-778.

Wang Q, Lv R, Rene E R, et al., 2020. Characterization of microbial community and resistance gene (CzcA)shifts in up-flow constructed wetlands-microbial fuel cell treating Zn (Ⅱ) contaminated wastewater [J]. Bioresource Technology, 302: 122867.

Weckhuysen B M, Wachs I E, Schoonheydt R A, 1996. Surface chemistry and spectroscopy of chromium in inorganic oxides [J]. Chemical Reviews, 96(8): 3327-3350.

Wittbrodt P R, Palmer C D, 1995. Reduction of Cr(Ⅵ)in the presence of excess soil fulvic acid [J]. Environmental Science and Technology, 29(1): 255–263.

Wittbrodt P R, Palmer C D, 1996. Effect of temperature, ionic strength, background electrolytes, and Fe(Ⅲ) on the reduction of hexavalent Chromium by soil humic substances [J]. Environmental Science and Technology, 30(8): 2470–2477.

Wittbrodt P R, Palmer C D, 2010. Reduction of Cr(Ⅵ) by soil humic acids [J]. European Journal of Soil Science, 48(1): 151–162.

Wittgren H B, Mhlum T, 1997. Wastewater treatment wetlands in cold climates [J]. Water Science and Technology, 35(5): 45–53.

Wu W, Min Y, Feng Q, et al., 2012. Chemical characterization of rice straw-derived biochar for soil amendment [J]. Biomass and Bioenergy, 47: 268–276.

Xin O, Han Y, Xi C, et al., 2017. Magnetic biochar combining adsorption and separation recycle for removal of chromium in aqueous solution [J]. Water Science and Technology-A Journal of the International Association on Water Pollution Research, 75(5): 1177.

Xu S, Jaffé P, 2006. Effects of plants on the removal of hexavalent chromium in wetland sediments [J]. Journal of Environmental Quality, 35(1): 334.

Xu X, Cao X, Ling Z, et al., 2013. Removal of Cu, Zn, and Cd from aqueous solutions by the dairy manure-derived biochar [J]. Environmental Science and Pollution Research International, 20(1): 358–368.

Xu Y, Chen B, 2013. Investigation of thermodynamic parameters in the pyrolysis conversion of biomass and manure to biochars using thermogravimetric analysis [J]. Bioresource Technology, 146: 485–493.

Yadav A K, Kumar N, Sreekrishnan T R, et al., 2010. Removal of chromium and nickel from aqueous solution in constructed wetland: Mass balance, adsorption–desorption and FTIR study [J]. Chemical Engineering Journal, 160(1): 122–128.

You S H, Zhang X H, Liu J, et al., 2014. Feasibility of constructed wetland planted with Leersia hexandra Swartz for removing Cr, Cu and Ni from electroplating wastewater [J]. Environmental Technology, 35(1–4): 187–194.

Yuan J H, Xu R K, Hong Z, 2011. The forms of alkalis in the biochar produced from crop residues at different temperatures [J]. Bioresource Technology, 102(3): 3488–3497.

Zazo J A, Paull J S, Jaffe P R, 2008. Influence of plants on the reduction of hexavalent chromium in wetland sediments [J]. Environmental Pollution, 156(1): 29–35.

Zhang X, Liu J, Wang D, et al., 2008. Bioaccumulation and Chemical Form of Chromium in Leersia hexandra Swartz [J]. Bulletin of Environmental Contamination and Toxicology, 82(3): 358.

Zhang XH, Liu J, Huang HT, et al., 2007. Chromium accumulation by the hyperaccumulator plant

Leersia hexandra Swartz [J]. Chemosphere, 67(6): 1138–1143.

Zhang CB, Wang J, Liu WL, et al., 2010. Effects of plant diversity on microbial biomass and community metabolic profiles in a full-scale constructed wetland [J]. Ecological Engineering, 36(1): 62–68.

Zhao C, Shang D, Zou Y, et al., 2020. Changes in electricity production and microbial community evolution in constructed wetland-microbial fuel cell exposed to wastewater containing Pb(Ⅱ) [J]. Science of the Total Environment, 732: 139127.

Zheng Q, Na S, Li X, et al., 2019. Acute effects of hexavalent chromium on the performance and microbial community of activated sludge in aerobiotic reactors [J]. Environmental Technology, 40(14): 1871–1880.